100°C湯種麵包

超Q彈台式 +
歐式、吐司、麵團、麵皮、餡料一次學會

洪瑞隆｜著

楊志雄｜攝影

以愛的溫暖發酵麵包

從國中畢業，半工半讀從事烘焙業至今也將近20年了，在一次分享會中，因緣際會認識了胡志宗師傅，跟他交換了許多烘焙相關意見。那時，他問我想不想上台分享自己的作品？因為在場的同業很多，加上是彼此的第一次見面，為何會找我？讓我有些驚訝，但我還是欣然答應。

那次分享會結束後，還意外接到某家烘焙教室的教課邀約。原來是負責人聽到學生提起我做的麵包很好吃，因此邀請我去授課。那一段時間，我平日上班，假日的行程就是麵包教學。課餘時間，常有學生跟我說：「老師，您做的麵包真的跟人家不一樣，Q軟有彈性，就算放到隔天，一樣好吃，手法完全不一樣。」

當時教給學生的，就是湯種麵包的作法。大概在十多年前，偶然在電視新聞中看到湯種麵包的報導，就開始研究如何製作。透過資料蒐集、閱讀，加上不斷演練，發現加入湯種製作麵包，簡單又方便。

我總覺得只要掌握訣竅，每個人都可以做出好吃的麵包。尤其隨著網路發達，麵包食譜處處可找，但也發現有些可以簡單化的步驟，卻被複雜化了，這讓我想起教我做麵包的阿姨。阿姨的兒子不肯學做麵包，到食品大廠當業務，因此她就把一身功夫全都教給我，希望我能傳承她的味道。

「傳承」這兩個字真的非常重要，阿姨不是師傅級的，沒有所謂的SOP製造流程，她給我的重要觀念是：「人是活的，東西是死的，因此要活用學到的任何東西」，這也是我決定出版這本書的理由之一。

「麵包」對我來說，是相當迷人又具挑戰性，隨時思考該如何創造新的口味、做更好吃的麵包。在多方考量下，加上學生的需求，才決定將自己所學的寶貴經驗分享給大家。這本書裡的每一款麵包，都是加進100 ℃湯種製作，能使麵包更鬆軟、彈性佳、保濕性更好。

在準備這本書出版的同時，我也開始實現開店夢想。擁有一家屬於自己的烘焙店，應該是大多數麵包師傅的心願，但我知道一間店的從無到有是非常的辛苦的。有一天，孩子隨手買了便宜的麵包回家吃，當爸爸的我，心裡不只想著希望給孩子吃到健康的麵包，更希望大家都有機會吃到，於是就在中和開了烘焙店，希望透過食品、食材都走健康路線的的理念，讓大家都能更健康。

對於麵包，我有絕對的堅持，會持續用心、用愛製作好吃、健康的麵包，也是在有愛的溫暖下發酵，我才能始終如一地做出健康又美味的麵包。

洪瑞隆

2018.5

Contents 目錄

CHAPTER 2 歐式麵包

CHAPTER 3 吐司麵包

CHAPTER

準備篇

先學會如何製作100°C湯種、麵團、餡料、皮料的作法，以及分割滾圓、整形、包餡、烘焙等各個步驟，掌握做麵包的基本技巧，就是做出好吃麵包的第一步。

拒絕麵包變硬、不好吃

內部鬆軟、外皮Q彈，細細咀嚼又散發淡淡麥香、餡香的麵包最好吃。但是不論在家自製或在外買麵包，「新鮮」都是麵包好吃的首要條件。

新鮮為上 避免久放改變口感

一般來說，麵包變硬、變不好吃的原因，除了可能放久了，微生物腐敗之外，也極有可能是品質不良造成。所以了解麵包老化的各種現象及原因，也能幫助烘焙者對麵包的配方、組成、製作過程及包裝做改進。

會發生麵包變硬的原因，從理論上來說，就是澱粉結構的改變。而從保存上來看，水分的揮發作用等同於水含量的改變，也會造成麵包乾硬。舉例來說，家庭自製無包裝麵包，會因為水分的揮發損失10%的重量；店家銷售有包裝的麵包，則會損失1%的重量。但即使水分含量相同，未包裝的麵包吃起來較乾，是因為水分子由中心部位移到麵包外皮，並且由澱粉內部移到蛋白質中所致。

保持水分 麵包好吃關鍵之一

有包裝的麵包，還容易發生外皮軟化的狀況。這是因為包裝造成水分自原來的12%增加至28%，使得原本乾酥、口感好、新鮮度高的表皮，變成質地軟而韌性強的不良品質。由上面兩點顯示，水分確實是麵包好吃的關鍵之一。湯種麵包，就因為能夠保有水分，而廣受喜愛。

此外自製麵包還要注意香味的損失及隨著保存時間的增長，甜味和鹹味漸漸減少，而只剩下酸味，使得麵包味道變差。在嗅覺方面，新鮮麵包通常含有酵母及小麥的香味，但是酵母發酵的酒精香味逐漸地揮發，小麥香味隨之減少，剩下的麵團味及澱粉味也會使得麵包氣味變得較不好聞。

柔軟與保鮮的100°C湯種

　　回想一下吃麵包時的感受，通常台式、日式麵包入口，可以感受到鬆軟如棉花的口感；而西式的麵包，經常是外皮酥脆，內部扎實有嚼勁。

「湯」就是熱水的意思

　　其實鬆軟的亞洲式麵包，很多時後都會用到湯種，就是先煮湯種，再加入麵團，一起攪拌或搓揉。這樣就可增加麵團內的水分，讓麵包更鬆軟，放數天仍不會變硬。

　　「湯種」和「老麵」、「中種」一樣，都是「麵種」。當我們做麵包時，先將麵包麵團中某部份的麵粉和水預先處理過，再把這個「麵種」放進麵團材料中，均勻混合後就可以烘焙做成麵包。

　　而「湯種」的做法，是把麵粉和水預先混合、加熱，使麵粉中的澱粉在高溫下產生「糊化現象」。「糊化」過程中，麵粉吸收大量水分（比常溫下的普通麵粉多得多），而且變得柔軟、有延伸性。

湯種麵包柔軟好保存

　　也因此以「湯種法」做出來的麵包，富有「糊化澱粉」特有的黏性和彈性，保水能力很高，水分的比例特別高，口感特別柔軟、有濕度，毫不乾澀。並且可以延長麵包的保存期，即使放久了，一樣軟綿綿、有水份、有彈性，成了「湯種」麵包最吸引人的特性。

　　而且製作湯種方法不難，不需要像「老麵」、「中種」般，要等好幾個小時（甚至過夜），只要經過8小時，就可以加進麵團做麵包，所以一次可以多做，放在冰箱保存，數日內皆可使用。

100°C湯種作法

湯種就是燙麵，分為完全糊化和半糊化兩種。製作湯種時，水溫會影響麵粉的吸水量，目前常見湯種做法有65°C和100°C湯種。湯種因為麵粉事先糊化的過程，做出來的麵包保濕性更佳，組織也更柔軟，口感、新鮮度兼具。

- 材料：水 300克／砂糖30克／鹽3克／高筋麵粉300克

作法

準備300克的水，放在爐火上。

先將30克砂糖和3克的鹽混合，加入300克水中。

開火將步驟2的糖、鹽和水煮沸。

待水面劇烈冒泡，完全滾開、沸騰時，可拿溫度計測量，若沒有溫度計，水滾後再等一下才熄火，才能達100°C。

將300克高筋麵粉倒入攪拌缸裡。

取步驟4的100°C滾水，快速沖入攪拌缸，同時啟動攪拌機，開始攪拌。

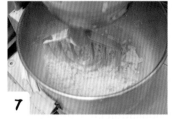

先以中速攪拌均勻後，再調成高速攪拌，將麵粉和水充分攪拌均勻。

攪拌至沒有麵粉顆粒時取出即成100°C湯種，靜置冷卻後，放入冰箱，冷藏8小時後可使用。

麵團製作與分割

吐司麵包麵團作法

吐司麵包的口味，和台式、歐式麵包不同的是，在製作麵團過程中，就先將餡料加進去一起攪拌，香氣十足，細緻柔軟，特別好吃。

- **材料：**高筋麵粉1000克／糖200克／鹽20克／雜糧粉50克／乾酵母12克／100℃湯種100克／冰水480克／奶油120克

作法

1 取一容器，放入1000克高筋麵粉，再放糖、鹽。

5 倒入冰水後，開攪拌機，攪拌成團，拉開呈完全擴展狀態。

2 接著灑下雜糧粉、乾酵母。

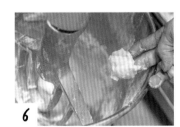
6 下奶油，攪拌機調成快速，讓麵團的筋性趕快呈現出來。

3 再放進100℃湯種。

7 接下來視吐司口味，在這裡加進餡料，再一起攪拌。

4 將作法1和作法2的材料倒入攪拌缸。建議大家購買攪拌機時，因為10公升的攪拌缸無法打1公斤麵粉，為了省時省力，建議攪拌缸至少12公升起跳。

8 滴入適量沙拉油，避免麵團黏在攪拌機上。

台式麵包麵團作法

大部分的台式麵包，都是以甜麵團做成、糖和油的含量高，是所有麵包種類中，口感最柔軟的一款，可用來製作克林姆麵包、菠蘿麵包、蔥麵包等等。

- 材料：高筋麵粉 1000克／糖 200克／鹽 20克／奶粉 100克／全蛋 100克／蛋黃 80克／100℃湯種 100克／乾酵母 11克／冰水 480克～520克

作法

1 取一容器，放入1000克高筋麵粉，接下來先放入糖

2 接著再放入少許鹽。

3 接著放入奶粉。

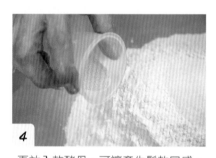

4 再放入乾酵母，可讓產生鬆軟口感。

5 再放入自製 100℃ 湯種。

6 最後加入新鮮蛋黃。

7

將作法 1～6 的材料，倒入攪拌缸。

11

攪拌均勻後，轉中速繼續攪拌。

8

再倒入冰水。

12

見無麵粉顆粒時，先暫停。取一小塊，拉開檢查，呈光滑面後放回攪拌缸中。

9

開攪拌機，一邊攪拌一邊倒水。

13

下奶油，再繼續攪拌。

10

先以低速攪拌。

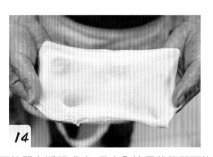

14

攪拌至拉開有透明感時，呈完全擴展狀態即可使用。

歐式麵包麵團作法

歐式麵包包括德式、英式、法式、義大利式⋯⋯各種麵包，口味樸實但嚼勁十足。製作麵團時，也會加進麥類、穀類等歐洲各國的主要農作，強調原味，無添加物，非常健康，成為崇尚健康、養生的現代人最愛。

- 材料：高筋麵粉1000克／糖200克／鹽20克／奶粉80克／100℃湯種100克／乾酵母12克／鮮奶油 200克／冰水480克／蔓越莓100克／亞麻子100克／核桃適量／奶油120克／沙拉油適量

作法

1

取一容器，放入1000克高筋麵粉，陸續放入糖、水、奶粉、乾酵母、100℃湯種。

2

混合均勻後，倒入攪拌缸，再倒入冰水。

3

開攪拌機，一邊攪拌一邊倒水，先以低速攪拌；攪拌均勻後，轉中速繼續攪拌。

4

見無麵粉顆粒時，先暫停。取一小塊，拉開檢查，呈光滑面後放回攪拌缸中。

5

下奶油，再繼續攪拌，攪拌至拉開有透明感時，呈完全擴展狀態即可使用。

6

將蔓越莓和核桃，放進攪拌機內。

7 啟動攪拌機，攪拌均勻。

11 取發酵好的麵團，手拉成長方形。

8 加沙拉油，使麵團不易沾黏。

12 先折成兩等分。

9 將麵團整形成圓形

13 再向內捲，變成原來的三分之一寬。

10 以餐飲用塑膠膜罩住麵團，進行基本發酵。
發酵至 1.5 倍，即可進行下一個步驟。

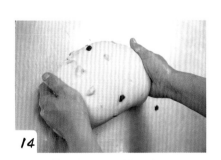

14 再整形成四方形的麵團備用。

麵團分割、滾圓

搓揉後的麵團，經過基本發酵，變得有彈性，柔軟又平滑，還散發出一股淡淡香味。為了後續麵包的製作，接下來就要分割、滾圓了。

 作法 ----------

1 先將適量沙拉油倒在左手。

2 均勻抹在發酵好的麵團上，避免分割滾圓時黏手。

3 以切麵刀切下部分麵團。

4 烘焙時，料理秤也是重要工具之一，可作為確認麵團重量之用。

5

視所需麵團的重量，切成重量相同的小麵糰塊，這就是分割。

8

雙手拇指將麵團整形為圓形。

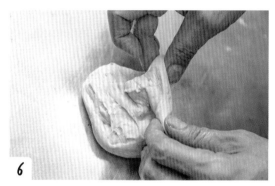

6

如果有因平均重量而切割下來的小塊麵糰，就可以黏合在大塊麵糰的底部再去滾圓。

9

將麵團滾圓收緊，進行發酵。

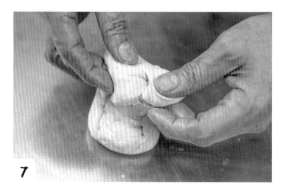

7

先將麵團稍微拉長，對折，再從另一個方向對折。

餡料作法

奶酥餡

用途：吐司及歐式麵包內餡

本書應用：墨西哥奶酥，第60頁

- 材料：奶油／250克／糖粉250克／鹽5克／奶粉300克／玉米粉60克／蛋黃100克

作法

鋼盆中先放入奶油、糖粉。

再加入鹽、蛋黃，一起攪拌。

剛攪拌好時，較為濕潤。

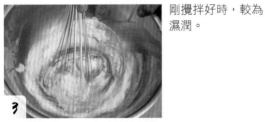

加入玉米粉，靜置1小時即可。

酥菠蘿

用途：麵包表面裝飾

本書應用：紅豆煉乳，第110頁／黑糖葡萄，第122頁

- 材料：奶油60克／糖粉30克／低筋麵粉30克

作法

取一容器，先放1匙奶油。

再加糖粉。

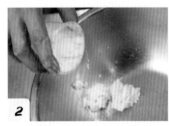

攪拌均勻後，再加入低筋麵粉。

用手抓即可做出酥菠蘿。

卡士達餡

用途：台式麵包、冰心奶包、銅鑼燒、車輪餅等點心內餡

本書應用：克林姆，第64頁

- 材料：鮮奶240克／奶油60克／蛋黃50克／細砂糖30克／玉米粉30克／低筋麵粉30克

作法

1 低筋麵粉和玉米粉先過篩後，和細砂糖一起倒入容器內。

2 再加進蛋黃。

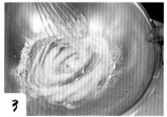
3 將細砂糖、玉米粉、低筋麵粉、蛋黃一起攪拌均勻，備用。

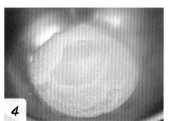
4 將鮮奶、奶油放在爐火上煮。煮到大滾，表面冒出泡泡

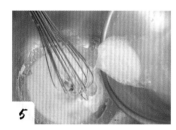
5 倒入作法3的容器中。

6 繼續煮到容器周邊微微冒泡，熄火，繼續攪拌。

7 等水分收乾，放涼後再放進冰箱，1小時後即可使用。

青醬

用途：麵包抹醬、烤披薩、義大利麵

本書應用：青醬吐司，第108頁

- 材料：九層塔300克／鹽8克／核桃60克／橄欖油400克

作法

1 九層塔洗淨，放置鋼盆中。

4 放核桃。

2 準備一部果汁機，放入九層塔。

5 加進橄欖油後，開啟果汁機攪動。

3 接著放鹽。

6 攪拌均勻後即是青醬。

香蒜餡

用途：麵包內餡、麵包抹醬

本書應用：塔香起士，第94頁

- 材料：蒜泥200克／鹽30克／安佳奶油1500克／巴西里300克／沙拉油80克／味精少許（視個人喜好放置）

作法

1. 取一容器，先倒下蒜泥。

4. 將巴西里放進果汁機裡，再倒進沙拉油打碎。

2. 接著下鹽、味精。

5. 把所有的材料加在一起，打勻就成了香蒜餡。可放入擠花袋備用。

3. 加入安佳奶油攪拌。

乳酪餡

用途：麵包內餡，表面裝飾

本書應用：布魯藍莓，第68 頁／咖啡麻吉，第70頁／日式芒果，第78頁／黑佳麗，第88頁

- 材料：紅人乳酪1000克／細砂糖150克／卡士達粉50克

作法

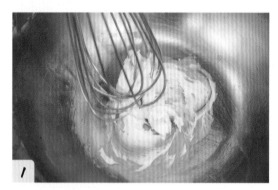

1. 先將紅人乳酪退冰，用攪拌棒攪拌軟化。

3. 接著倒卡士達粉。

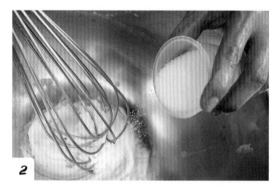

2. 再將細砂糖全部倒入。

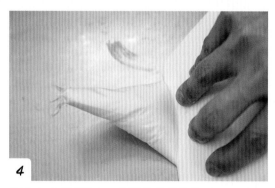

4. 作法 1~3 攪拌均勻，再裝進擠花袋備用。

皮料作法

菠蘿皮

用途：菠蘿類麵包麵皮

本書應用：菠蘿，第38頁／起士菠蘿，第52頁

* 材料：奶油300克／糖粉180克／奶粉100克／全蛋100克／低筋麵粉100克

作法

1. 取一鋼盆，放進奶油、糖粉和奶粉。

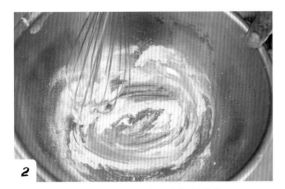

3. 攪拌到微發時，加入全蛋。

2. 將所有的材料混合攪拌，將奶油攪拌軟化。

4. 做成的菠蘿皮300克，加上低筋麵粉100克，拌勻即可使用。其中低筋麵粉可依天氣溫度調整，可多可少，以不黏手為準則。

美濃皮

用途：日式麵包麵皮

本書應用：北海道美濃，第48頁

- **材料：**奶油100克／細糖80克／全蛋100／低筋麵粉100克

 作法

1. 取一鋼盆，將奶油、細糖，以攪拌棒攪拌軟化。

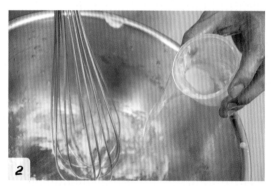

2. 加入全蛋，攪拌均勻。

3. 灑下低筋麵粉，搓揉均勻。

4. 攪拌到拿在手上不黏手的程度。

5. 搓成長條狀再切成塊，即為美濃皮。使用時，搓揉成圓形即可包覆麵團。

墨西哥皮

用途：麵包的麵皮

本書應用：墨西哥奶酥，第60頁／飯店吐司，第120頁

- 材料：奶油100克／蛋黃100克／糖粉90克／低筋麵粉100克

作法

1 用攪拌棒把奶油攪拌軟化

4 還有低筋麵粉後，繼續攪拌。

2 再加入糖粉一起攪拌

5 所有材料一起攪拌均勻。

3 接著再放下蛋黃

6 將完成的墨西哥皮放入擠花袋，便於使用。

台式麵包

CHAPTER 1

台灣麵包店中最常見的台式麵包,帶給人的印
象是多樣化、餡料多,有甜有鹹,質地蓬鬆
柔軟。加入100℃湯種後,口感更細膩、有彈
性,是老少咸宜的類型。

三角起士　份量＝15個

🍞 製作過程

- 攪拌→擴展　・基本發酵→30分鐘　・鬆弛→15分鐘　・最後發酵→35分鐘
- 發酵溫度→28°C　・濕度→75%　・預熱／烘烤溫度→上火200°C、下火190°C
- 烘焙時間→18分鐘

材料

A 乾性材料

高筋麵粉 ……………1000克
細砂糖 ………………200克
鹽 ………………………20克
奶粉 ……………………100克
全蛋 ……………………100克

蛋黃 ……………………80克
100℃湯種 …………100克
乾酵母 ……………………11克
冰水 ………… 480～520克

B 濕性材料

奶油 ……………………180克

C 餡料

火腿 ……………………15片
起士 ……………………15片
披薩絲 ………………適量
沙拉醬 ………………適量
全蛋液 ………………適量

作法

1. 將材料A攪拌成團，表面呈光滑狀，加入材料B攪拌至完全擴展。
2. 基本發酵30分鐘，排氣翻面20分鐘，分割成150克1個，滾圓。鬆弛15分鐘。
3. 取1個麵團，擀平後整形成長方形。
4. 在麵團中間處先鋪上1片起士，再1片火腿。
5. 將麵團兩邊，分別向中間折，將起士和火腿包覆在內。
6. 將包好餡料後的麵團，整成正方形。
7. 表面擦一層全蛋液。撒披薩絲在蛋液上。
8. 最後擠沙拉醬後，放進烤箱焙烤即可。

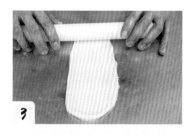

起士排 份量＝約45個

製作過程

- 攪拌→擴展 • 基本發酵→30分鐘 • 鬆弛→20分鐘 • 最後發酵→35分鐘
- 發酵溫度→28°C • 濕度→80% • 預熱/烘烤溫度→上火200°C、下火180°C
- 烘焙時間→16分鐘

材料

A 乾性材料
高筋麵粉 ………… 1000克
細砂糖 ………… 200克
鹽 ………… 20克
奶粉 ………… 100克

全蛋 ………… 100克
蛋黃 ………… 80克
100°C湯種 ………… 100克
乾酵母 ………… 11克
冰水 …… 480克～520克

B 濕性材料
奶油 ………… 180克
C餡料
起士片 ………… 適量
全蛋液 ………… 適量

作法

1. 將材料A攪拌成團，表面呈光滑狀，加入材料B攪拌至完全擴展。
2. 基本發酵30分鐘，翻面排氣20分鐘，分割成50克1個，滾圓。鬆弛15分鐘。
3. 取麵團，擀平再整形成長方形。
4. 將麵團捲起，2個為一組。表面放上起士片。
5. 表面擦全蛋液，撒細砂糖，即可烘烤。

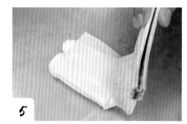

三角熱狗 份量＝約22個

🍞 製作過程

• 攪拌→擴展 • 基本發酵→30分鐘 • 鬆弛→20分鐘 • 最後發酵→35分鐘 • 發酵溫度→28°C
• 濕度→75% • 預熱/烘烤溫度→上火200°C、下火180°C • 烘焙時間→16分鐘

材料

A 乾性材料

高筋麵粉	1000克
細砂糖	200克
鹽	20克
奶粉	100克
全蛋	100克

蛋黃	80克
100℃湯種	100克
乾酵母	11克
冰水	480克～520克

B 濕性材料

奶油	180克

C 餡料

大熱狗	22個
披薩絲	適量
沙拉醬	適量
全蛋液	1個

作法

1. 將材料A攪拌成團，表面呈光滑狀，加入材料B攪拌至完全擴展。
2. 基本發酵30分鐘，排氣翻面20分鐘，分割成100克1個，滾圓。鬆弛15分鐘。
3. 取1個麵團，先以擀麵棍擀平，再將麵團整形成長方形。
4. 將大熱狗放置在長方形麵團上，以麵團將大熱狗捲起。
5. 大熱狗捲，切成6節。
6. 將切下的五節熱狗捲，頭尾放在一起放中間，最下面一層3個，最上面一層1個，擺成金字塔狀。
7. 表面擦全蛋液，放披薩絲、擠沙拉醬後，即可放入烤箱。

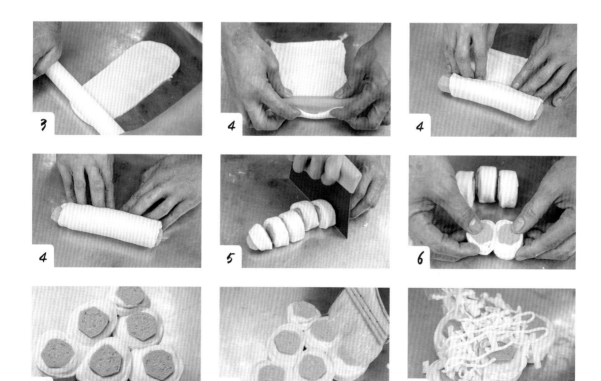

青蔥麵包 份量=約32個

製作過程

• 攪拌→擴展 • 基本發酵→30分鐘 • 鬆弛→20分鐘 • 最後發酵→35分鐘 • 發酵溫度→28°C
• 濕度→80% • 預熱/烘烤溫度→上火200°C、下火200°C • 烘焙時間→12分鐘

材料

A 乾性材料
高筋麵粉 …………1000克
細砂糖 …………… 200克
鹽………………………20克
奶粉 …………… 100克
全蛋……………… 100克

蛋黃 …………………… 80克
100℃湯種………… 100克
乾酵母 …………… 11克
冰水 480～520克
B 濕性材料
奶油……………… 180克

C 餡料
蔥花 …………… 500克
鹽…………………… 15克
奶油…………………… 100克
高筋麵粉 …………80克
全蛋 ……………… 200克

作法

1. 將材料A攪拌成團，表面呈光滑狀，加入材料B攪拌至完全擴展。
2. 基本發酵30分鐘，翻面排氣15分鐘，分割成65克1個，滾圓。鬆弛15分鐘。
3. 取滾圓後的麵團，擀平再整形成圓形。
4. 麵團表面塗全蛋，材料C全部攪拌均勻做成蔥花餡。
5. 鋪上蔥花餡後，表面可撒白芝麻裝飾放進烤箱焙烤。

咖哩青蔥　份量=15個

🍞 製作過程

- 攪拌→擴展　・基本發酵→30分鐘　・鬆弛→20分鐘
- 最後發酵→35分鐘　・發酵溫度→28°C，濕度80%
- 預熱／烘烤溫度→上火200°C、下火200°C　・烘焙時間→18分鐘

材料

A 乾性材料

高筋麵粉	1000克
糖	200克
鹽	20克
奶粉	100克
全蛋	100克
蛋黃	80克

100 度℃湯種	100克
乾酵母	11克
水	480～520克

B 濕性材料

奶油	180克

C 餡料

蔥花	200克

鹽	5克
奶油	80克
咖哩粉	30克
全蛋	100克

D 裝飾

全蛋液100克
肉脯適量

作法

1. 將材料A拌光滑面，加入材料B攪拌完全擴展，材料C全部混合均勻做成咖哩青蔥餡，備用。
2. 基本發酵30分鐘，翻面15分鐘，分割成30克3個，滾圓後。鬆弛15分鐘。
3. 取3個麵團，分別將其捶成橢圓形，鬆弛2分鐘。
4. 將橢圓形麵團捲起，搓揉成長條狀。
5. 取3個長條狀麵團，將其中2條擺放彷若八字形，但2條長度相同，中間再擺放1條。
6. 先將右邊的長條麵團越過中間長條麵團、再將左邊長條麵團，越過作法6的右邊長條麵團、接著將中間的長條麵團拉起，放在最上方。
7. 重複作法6的動作，將長條麵團打成長長的辮子。將辮子的兩邊捏緊，以免散掉。
8. 抹上薄薄一層蛋黃，鋪上咖哩青蔥餡。
9. 再放個人喜好，撒上適量的肉脯，即可放進烤箱烘焙。

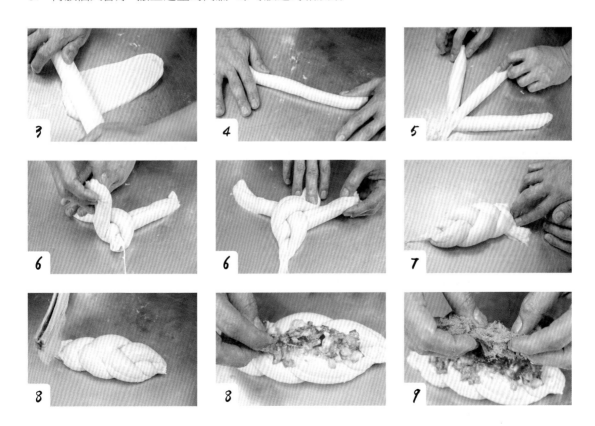

菠蘿　份量＝約35個

製作過程

- 攪拌→擴展 • 基本發酵→30分鐘 • 鬆弛→20分鐘 • 最後發酵→45分鐘 • 發酵溫度→26°C
- 濕度→70% • 預熱/烘烤溫度→上火190°C、下火180°C • 烘焙時間→15分鐘

材料

A 乾性材料

高筋麵粉	……………	1000克
細砂糖	……………	200克
鹽	……………	20克
奶粉	……………	100克

全蛋	……………	100克
蛋黃	……………	80克
100℃湯種	……………	100克
乾酵母	……………	11克
冰水	……………	480～520克

B 濕性材料

奶油	……………	180克

C 裝飾

蛋黃適量

作法

1. 將材料A攪拌成團，表面呈光滑狀，加入材料B攪拌至完全擴展。
2. 基本發酵30分鐘，翻面排氣20分鐘，分割成60克1個，滾圓。鬆弛15分鐘。
3. 取菠蘿皮25克（作法請參考第23頁），包覆麵團。
4. 將麵團和菠蘿皮捏緊、搓圓。
5. 表皮壓菠蘿章，表面擦蛋黃，最後發酵即可放入烤箱。

奶酥蔓越莓 份量＝約22個

🍞製作過程

• 攪拌→擴展 • 基本發酵→30分鐘 • 鬆弛→20分鐘 • 最後發酵→30分鐘 • 發酵溫度→28°C
• 濕度→80% • 預熱／烘烤溫度→上火190°C、下火180°C • 烘焙時間→16分鐘

材料

A 乾性材料
高筋麵粉 …………1000克
細砂糖 …………… 200克
鹽……………………… 20克
奶粉 ……………… 100克
全蛋…………………… 100克

蛋黃 ………………… 80克
100℃湯種………… 100克
乾酵母 ……………… 11克
冰水 …… 480～520克

B 濕性材料
奶油…………………… 180克

C 餡料
奶酥餡 …………… 965克
蔓越莓乾 ………… 適量

D 裝飾
蛋黃液 …………… 適量
杏仁片 …………… 適量

作法

1. 將材料A攪拌成團，表面呈光滑狀，加入材料B攪拌至完全擴展。
2. 基本發酵30分鐘，翻面排氣20分鐘，分割成100克，滾圓。鬆弛15分鐘。
3. 取1個麵團，先以擀麵棍擀平，整形成正方形。
4. 抹上適量的奶酥餡（作法請參考第18頁），再放上蔓越莓乾，捲起呈長條狀。
5. 從長條狀麵團從中間切一半，但不要切斷。
6. 將變成兩半的麵團拉開後，捲成麻花捲的模樣，鬆弛2分鐘。
7. 表面擦蛋黃，再放上杏仁片，即可送入烤箱烘焙。

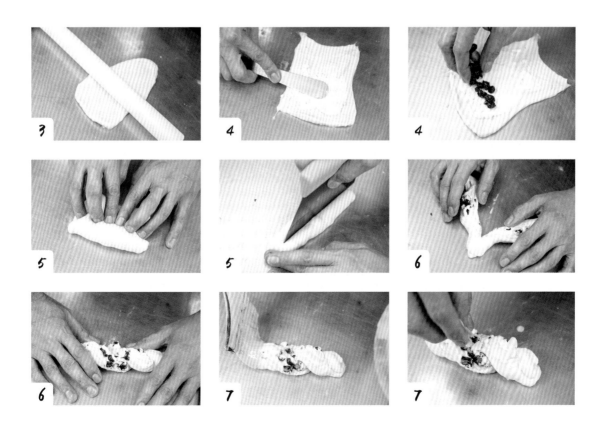

葡萄捲 份量=約15個

製作過程

• 攪拌→擴展 • 基本發酵→30分鐘 • 鬆弛→20分鐘 • 最後發酵→35分鐘 • 發酵溫度→28°C
• 濕度→75% • 預熱/烘烤溫度→上火190°C、下火190°C • 烘焙時間→16分鐘

材料

A 乾性材料
高筋麵粉 ⋯⋯⋯⋯1000克
細砂糖 ⋯⋯⋯⋯ 200克
鹽⋯⋯⋯⋯⋯⋯⋯ 20克
奶粉 ⋯⋯⋯⋯ 100克
全蛋⋯⋯⋯⋯⋯ 100克

蛋黃 ⋯⋯⋯⋯⋯ 80克
100°C湯種⋯⋯⋯ 100克
乾酵母 ⋯⋯⋯⋯ 11克
冰水 ⋯⋯ 480～520克
B 濕性材料
奶油⋯⋯⋯⋯⋯⋯ 180克

C 餡料
葡萄乾 ⋯⋯⋯ 40克/個
D 裝飾
全蛋液⋯⋯⋯⋯⋯ 適量
珍珠糖 ⋯⋯⋯⋯ 適量

作法

1. 將材料A攪拌成團，表面呈光滑狀，加入材料B攪拌至完全擴展。
2. 基本發酵30分鐘，翻面排氣20分鐘，分割成150克，滾圓。鬆弛15分鐘。
3. 取麵團，擀平後，整形成正方形。
4. 將葡萄乾沖熱水，去雜質，備用。
5. 每個麵團包入40克葡萄乾後，捲起。
6. 在表面切8刀刀痕。
7. 表面塗全蛋液，抹珍珠糖。

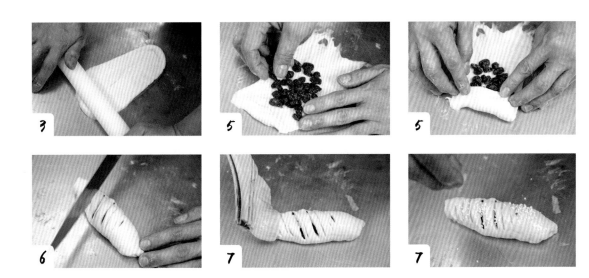

肉鬆堡　份量=約25個

🍞製作過程

- 攪拌→擴展 • 基本發酵→30分鐘 • 鬆弛→20分鐘 • 最後發酵→40分鐘 • 發酵溫度→28°C
- 濕度→80% • 預熱/烘烤溫度→上火210°C、下火200°C • 烘焙時間→15分鐘

材料

A 乾性材料

高筋麵粉 ……………1000克
細砂糖 …………… 200克
鹽…………………… 20克
奶粉 …………… 100克
全蛋………………… 100克

蛋黃 ………………… 80克
100℃湯種…………… 100克
乾酵母 ……………… 11克
冰水 …… 480～520克

B 濕性材料

奶油………………… 180克

C 餡料

蔥花 ……………… 適量
沙拉醬………………… 適量
肉鬆……………………… 適量
全蛋液………………… 適量

作法

1. 將材料A攪拌成團，表面呈光滑狀，加入材料B攪拌至完全擴展。
2. 基本發酵30分鐘，翻面排氣20分鐘，分割成90克1個，滾圓。鬆弛20分鐘。
3. 取1個滾圓後的麵團，擀平再整形成圓形。
4. 麵團表面塗全蛋，鋪上蔥花後，放進烤箱焙烤。
5. 從烤箱取出放涼，在青蔥面的中間劃一刀，但不切斷。
6. 將青蔥面往下，在麵包的另一面抹上沙拉醬，用刮刀把沙拉醬抹平。
7. 把青蔥面向外，將麵包對折合起呈半圓狀。在折合處擠上沙拉醬，使用刮刀將沙拉醬抹平。
8. 抹上肉鬆，即可完成肉鬆堡。

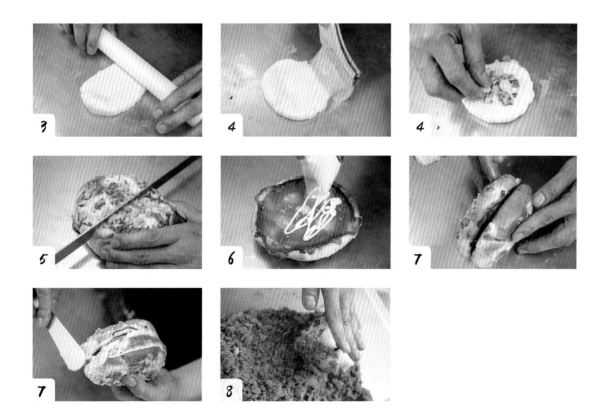

紅豆捲 份量＝約32個

製作過程

- 攪拌→擴展 • 基本發酵→30分鐘 • 鬆弛→20分鐘 • 最後發酵→45分鐘
- 發酵溫度→28°C • 濕度→80% • 預熱/烘烤溫度→上火200°C、下火200°C
- 烘焙時間→15分鐘

材料

A 乾性材料

高筋麵粉 ………… 1000克
細砂糖 ………… 200克
鹽 ………… 20克
奶粉 ………… 100克
全蛋 ………… 100克

蛋黃 ………… 80克
100°C湯種 ………… 100克
乾酵母 ………… 11克
冰水 ……… 480～520克

B 濕性材料

奶油 ………… 180克

C 餡料

市售紅豆餡 ………… 適量

D 裝飾

全蛋液 ………… 1個
黑芝麻或白芝麻 …… 適量

作法

1. 將材料A攪拌成團，表面呈光滑狀，加入材料B攪拌至完全擴展。
2. 基本發酵30分鐘，翻面排氣20分鐘，分割成70克1個，滾圓。鬆弛15分鐘。
3. 取1個滾圓後的麵團，擀平再整形成長方形。
4. 鋪上適量紅豆餡，用刮刀均勻抹平後捲起。
5. 表面擦全蛋液，表面劃5刀，灑黑芝麻或白芝麻做為裝飾。

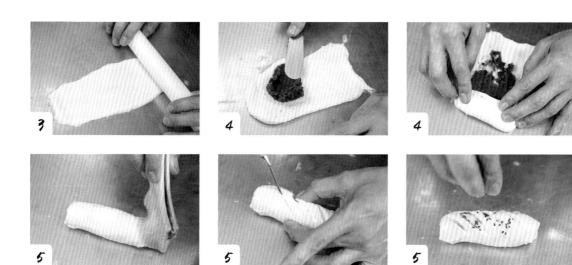

北海道美濃 份量=約35個

製作過程

• 攪拌→擴展 • 基本發酵→30分鐘 • 鬆弛→20分鐘 • 最後發酵→35分鐘 • 發酵溫度→26°C
• 濕度→75% • 預熱/烘烤溫度→上火180°C、下火180°C • 烘焙時間→15分鐘

材料

A 乾性材料
高筋麵粉 ·········1000克
細砂糖 ·············200克
鹽·····················20克
奶粉 ···············100克

全蛋······················100克
蛋黃 ·····················80克
100°C湯種············100克
乾酵母 ·················11克
冰水 ·········480～520克

B 濕性材料
奶油····················180克
C皮料
美濃皮 ···············180克

作法

1. 將材料A攪拌成團，表面呈光滑狀，加入材料B攪拌至完全擴展。
2. 基本發酵30分鐘，排氣翻面20分鐘，分割成65克1個，滾圓。鬆弛15分鐘。
3. 將麵團蓋在30克美濃皮上（作法請參考第24頁）。
4. 先沾麵粉，壓圓。將麵團揉成包子狀，將接口捏緊。
5. 表面噴水，再沾粗糖。
6. 蓋菠蘿章後，最後發酵成1.5倍大，送進烤箱烘焙。

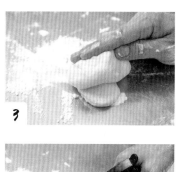
3

4

4

5

5

6

日式香蒜 份量=約22個

製作過程

- 攪拌→擴展 · 基本發酵→30分鐘 · 鬆弛→20分鐘 · 最後發酵→30分鐘
- 發酵溫度→28°C · 濕度→75% · 預熱/烘烤溫度→上火180°C、下火180°C
- 烘焙時間→20分鐘

材料

A 乾性材料
高筋麵粉 ············ 1000克
細砂糖 ············ 200克
鹽 ················· 20克
奶粉 ············· 100克
全蛋 ············· 100克

蛋黃 ············· 80克
100°C湯種 ·········· 100克
乾酵母 ············· 11克
冰水 ······· 480～520克
B 濕性材料
奶油 ············· 180克

C 餡料
香蒜餡 ··········· 適量
D 裝飾
全蛋液 ············ 1個
起士粉 ··········· 適量

作法

1. 將材料A攪拌成團，表面呈光滑狀，加入材料B攪拌至完全擴展。
2. 基本發酵30分鐘，排氣翻面20分鐘，分割成90克1個，滾圓。鬆弛15分鐘。
3. 取1個麵團，先以擀麵棍擀平，整形成長方形。
4. 在麵團表面鋪上40克乳酪丁後，捲起如長條狀。
5. 將長條狀麵團整成馬蹄形。
6. 擦全蛋液，沾起士粉，麵團兩邊各切一刀，放進烤箱烘焙。
7. 烤好後，將香蒜餡（作法請參考第21頁）擠進麵團的割痕中，即可享用。

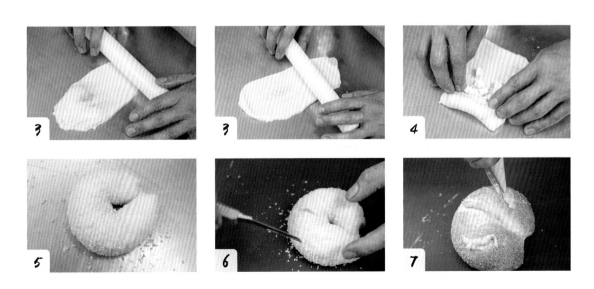

起士菠蘿　份量=約37個

製作過程

- 攪拌→擴展 • 基本發酵→30分鐘 • 鬆弛→20分鐘 • 最後發酵→35分鐘 • 發酵溫度→28°C
- 濕度→80% • 預熱／烘烤溫度→上火200°C、下火180°C • 烘焙時間→16分鐘

材料

A 乾性材料

高筋麵粉 ……………1000克
細砂糖 ……………… 200克
鹽………………………… 20克
奶粉 ………………… 100克

全蛋…………………… 100克
蛋黃 …………………… 80克
100°C湯種………… 100克
乾酵母 ……………… 11克
冰水 ……… 480～520克

B 濕性材料

奶油…………………… 180克

C皮料

菠蘿皮 ……………… 680克
起士粉 ……………… 適量

作法

1. 將材料A攪拌成團，表面呈光滑狀，加入材料B攪拌至完全擴展。
2. 基本發酵30分鐘，翻面排氣20分鐘，分割成60克1個，滾圓。鬆弛15分鐘。
3. 將麵團壓菠蘿皮（作法請參考第23頁）後搓圓。取起士片，將其折成可包入麵團的大小。
4. 將包入餡料後的口捏緊，搓圓。表面灑適量的水後，沾起士粉。
5. 拿菠蘿章蓋在麵團表面後，最後發酵，即可送入烤箱。

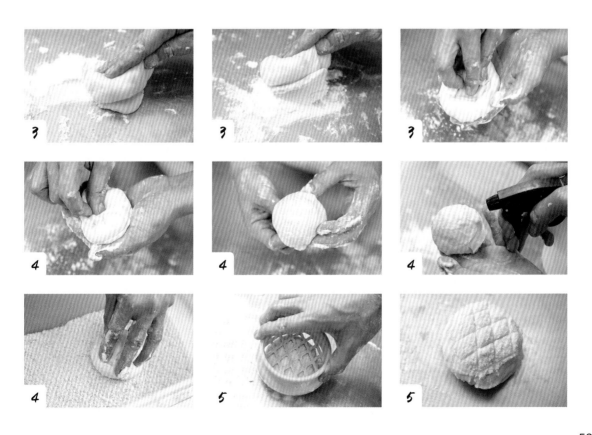

起士條 份量=約25個

製作過程

- 攪拌→擴展 · 基本發酵→30分鐘 · 鬆弛→20分鐘 · 最後發酵→30分鐘 · 發酵溫度→28°C
- 濕度→80% · 預熱/烘烤溫度→上火210°C、下火190°C · 烘焙時間→12分鐘

材料

A 乾性材料

高筋麵粉 ··········1000克
細砂糖 ·········· 200克
鹽·················· 20克
奶粉 ·········· 100克
全蛋·················· 100克

蛋黃 ···················· 80克
100°C湯種·········· 100克
乾酵母 ·········· 11克
冰水 480～520克
B 濕性材料
奶油·················· 180克

C 裝飾

全蛋液···················· 1個
沙拉醬···················· 適量
火腿片 ·········· 適量
披薩絲 ·········· 適量
香蒜餡 ·········· 適量

作法

1. 將材料A攪拌成團，表面呈光滑狀，加入材料B攪拌至完全擴展。
2. 基本發酵30分鐘，翻面排氣20分鐘，分割成100克1個，滾圓。鬆弛10分鐘。
3. 取麵團，擀平再整形成長條形。鬆弛約3分鐘。
4. 將麵團搓揉成長條狀。表面擦全蛋液，擠上沙拉醬
5. 鋪上適量的火腿片，放披薩絲，即可放入烤箱中烘烤。出爐後可在表面抹香蒜餡。

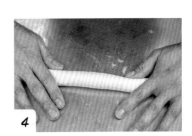

黃金乳酪 份量＝約35個

製作過程

• 攪拌→擴展 • 基本發酵→30分鐘 • 鬆弛→20分鐘 • 最後發酵→35分鐘 • 發酵溫度→28°C
• 濕度→75% • 預熱 / 烘烤溫度→上火190°C、下火190°C • 烘焙時間→16分鐘

材料

A 乾性材料
高筋麵粉 ┄┄┄┄┄1000克
細砂糖 ┄┄┄┄┄ 200克
鹽┄┄┄┄┄┄┄┄ 20克
奶粉 ┄┄┄┄┄ 100克
全蛋┄┄┄┄┄┄┄ 100克
蛋黃 ┄┄┄┄┄┄ 80克

100°C湯種 ┄┄┄┄ 100克
乾酵母 ┄┄┄┄┄┄ 11克
冰水 ┄┄┄ 480～520克
B 濕性材料
奶油┄┄┄┄┄┄ 180克
C 餡料
紅人乳酪 ┄┄┄┄ 500克

糖粉 ┄┄┄┄┄┄┄ 200克
奶粉 ┄┄┄┄┄┄┄ 100克
蛋黃 ┄┄┄┄┄┄┄ 80克
D 裝飾
奶粉 ┄┄┄┄┄┄┄ 適量

作法

1. 將材料A攪拌成團，表面呈光滑狀，加入材料B攪拌至完全擴展。
2. 基本發酵30分鐘，翻面排氣20分鐘，分割成65克1個，滾圓。鬆弛15分鐘。
3. 將材料C中的紅人乳酪、糖粉、奶粉拌勻後，再下蛋黃，做成黃金乳酪餡。每個麵團包入25克黃金乳酪餡。
4. 用星星模型，在起士片上印出星星圖案，先將星星挖出來，備用。
5. 將有星星圖案的起士片覆蓋在麵團上，輕輕的將星星起士片放回。
6. 放入紙杯，表面撒奶粉，即可放入烤箱烘焙。

墨西哥雞肉捲 份量=約15個

製作過程

- 攪拌→擴展　·基本發酵→30分鐘　·鬆弛→20分鐘·最後發酵→35分鐘
- 發酵溫度→28°C，濕度80%·預熱／烘烤溫度→上火200°C、下火200°C
- 烘焙時間→18分鐘

材料

A 乾性材料
高筋麵粉 ⋯⋯⋯⋯ 1000克
細砂糖 ⋯⋯⋯⋯⋯ 200克
鹽 ⋯⋯⋯⋯⋯⋯⋯ 20克
奶粉 ⋯⋯⋯⋯⋯⋯ 100克
全蛋 ⋯⋯⋯⋯⋯⋯ 100克

蛋黃 ⋯⋯⋯⋯⋯⋯ 80克
100℃湯種 ⋯⋯⋯ 100克
乾酵母 ⋯⋯⋯⋯⋯ 11克
冰水 ⋯⋯⋯ 480～520克

B 濕性材料
奶油 ⋯⋯⋯⋯⋯⋯ 180克

C 餡料
燻雞肉 ⋯⋯⋯⋯⋯ 適量
肉鬆 ⋯⋯⋯⋯⋯⋯ 適量
起士片 ⋯⋯⋯⋯⋯ 適量
沙拉醬 ⋯⋯⋯⋯⋯ 適量

作法

1. 將材料A攪拌成團，表面呈光滑狀，加入材料B攪拌至完全擴展。
2. 基本發酵30分鐘，翻面排氣20分鐘，分割成150克，滾圓。鬆弛15分鐘。
3. 將麵團整形成長條型，最後發酵30 分鐘。
4. 表面放烘焙紙壓鐵盤，放進烤箱烤。
5. 放涼後，從中間橫切一刀，一分為二。上色的那一面朝向自己，均勻抹上沙拉醬。
6. 放上燻雞肉，肉鬆，也可以依據個人喜好，放些美生菜捲起。
7. 起士片切成三角形，放在表面上，再用烤槍噴表面，增加美感賣相。

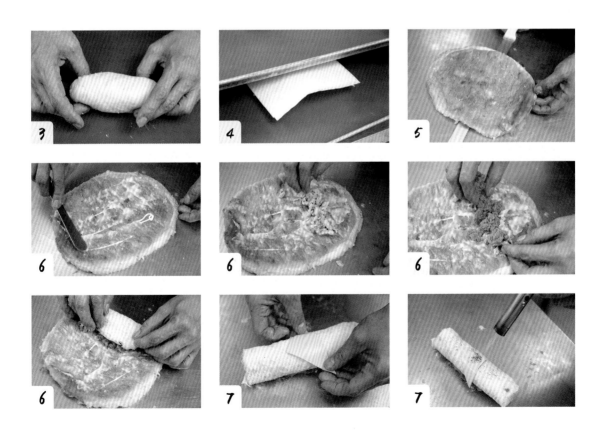

墨西哥奶酥 份量=約15個

製作過程

- 攪拌→擴展 ‧ 基本發酵→30分鐘 ‧ 鬆弛→20分鐘 ‧ 最後發酵→35分鐘 ‧ 發酵溫度→28°C
- 濕度→75% ‧ 預熱/烘烤溫度→上火200°C、下火190°C ‧ 烘焙時間→15分鐘

材料

A 乾性材料
高筋麵粉 ‧‧‧‧‧‧‧‧‧‧1000克
細砂糖 ‧‧‧‧‧‧‧‧‧‧ 200克
鹽‧‧‧‧‧‧‧‧‧‧‧‧‧‧‧ 20克
奶粉 ‧‧‧‧‧‧‧‧‧‧‧‧ 100克
全蛋‧‧‧‧‧‧‧‧‧‧‧‧‧ 100克

蛋黃 ‧‧‧‧‧‧‧‧‧‧‧‧‧‧‧ 80克
100°C湯種‧‧‧‧‧‧‧‧‧‧ 100克
乾酵母 ‧‧‧‧‧‧‧‧‧‧‧‧‧ 11克
冰水 ‧‧‧‧‧‧‧ 480～520克
B 濕性材料
奶油‧‧‧‧‧‧‧‧‧‧‧‧‧‧‧ 180克

C皮料
墨西哥皮‧‧‧‧‧‧‧‧‧‧‧‧ 390克
D內餡
奶酥餡 ‧‧‧‧‧‧‧‧‧‧‧‧1010克

作法

1. 將材料A攪拌成團，表面呈光滑狀，加入材料B攪拌至完全擴展。
2. 基本發酵30分鐘，翻面排氣20分鐘，分割成65克，滾圓。鬆弛15分鐘。
3. 將奶酥餡（作法請參考第18頁）包入麵團後，將開口收緊。
4. 把包有內餡的麵團，放入紙杯中，進行最後發酵35分鐘。
5. 發酵到1.5倍大時，就擠墨西哥皮（作法請參考第25頁）。

3

3

4

5

三星蔥 份量=25個

製作過程

• 攪拌→擴展 • 基本發酵→30分鐘 • 鬆弛→20分鐘 • 最後發酵→35分鐘 • 發酵溫度→28°C
• 濕度→75% • 預熱/烘烤溫度→上火190°C、下火190°C • 烘焙時間→18分鐘

材料

A 乾性材料
高筋麵粉 ⋯⋯⋯⋯1000克
細砂糖 ⋯⋯⋯⋯ 200克
鹽⋯⋯⋯⋯⋯⋯ 20克
奶粉 ⋯⋯⋯⋯ 100克
全蛋⋯⋯⋯⋯⋯ 100克
蛋黃 ⋯⋯⋯⋯ 80克

100°C湯種 ⋯⋯⋯⋯ 100克
乾酵母 ⋯⋯⋯⋯ 11克
冰水 ⋯⋯⋯ 480～520克
B 濕性材料
奶油⋯⋯⋯⋯⋯⋯ 180克
C 餡料
蔥花 ⋯⋯⋯⋯ 300克

鹽⋯⋯⋯⋯⋯⋯⋯ 10克
奶油⋯⋯⋯⋯⋯⋯ 80克
胡椒粉 ⋯⋯⋯⋯ 10克
起士片⋯⋯⋯⋯⋯ 25片
D 裝飾
全蛋液⋯⋯⋯⋯⋯ 適量
起士粉 ⋯⋯⋯⋯ 適量

作法

1. 將材料A攪拌成團，表面呈光滑狀，加入材料B攪拌至完全擴展。
2. 基本發酵30分鐘，排氣翻面20分鐘，分割成90克1個，滾圓，鬆弛15分鐘。
3. 取1個麵團，先以擀麵棍擀平，整形成長方形。
4. 將蔥、鹽、奶油和胡椒鹽混合調均勻作成青蔥餡料。
5. 舀一大杓作法4的餡料，鋪平在麵團的正中間，再蓋上一片起士。
6. 將麵團的兩邊向中間折，完全包住起士和青蔥餡，折合處捏緊。
7. 正面抹全蛋液後，沾起士粉。
8. 將麵團表面分為左右兩邊，分別斜割三刀，最後發酵30分鐘後，即可放入烤箱。

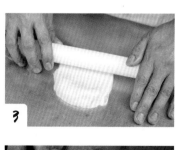
3

5

5

6

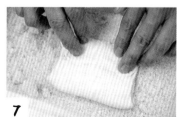
7

8

克林姆　份量＝15個

製作過程

• 攪拌→擴展 • 基本發酵→30分鐘 • 鬆弛→20分鐘 • 最後發酵→40分鐘
• 發酵溫度→29°C，濕度80% • 預熱／烘烤溫度→上火210°C、下火200°C
• 烘焙時間→15分鐘

材料

A 乾性材料
高筋麵粉 …………1000克
糖 ………………… 200克
鹽 …………………… 20克
奶粉 ……………… 100克
全蛋……………… 100克

蛋黃 ……………… 80克
100°C湯種………… 100克
乾酵母 …………… 11克
冰水 ……… 480～520克
B 濕性材料
奶油……………… 180克

C 餡料
卡士達餡 ………… 適量
D 裝飾
可可粉 …………… 適量

作法

1. 將材料A拌光滑面，加入材料B攪拌完全擴展。
2. 基本發酵30分鐘，翻面20分鐘，分割成65克，滾圓。
3. 將卡士達餡（作法請參考第19頁）包入麵團中，捏緊封口，進行最後發酵。
4. 擠花袋裡裝進卡士達餡後，擠在表面上。
5. 以篩網撒可可粉在麵包表面上，即可進行烤焙步驟。

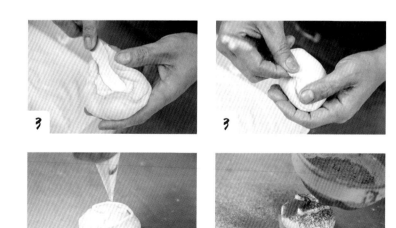

2
CHAPTER

歐式麵包

傳統的歐式麵包，給人的印象就是味道單一、口感扎實。但加入100℃湯種之後，麵包變得柔軟有彈性，加上豐富多樣的餡料，翻轉歐式麵包的樣貌。

布魯藍莓 份量=約15個

🍞製作過程

・攪拌→擴展 ・基本發酵→30分鐘 ・鬆弛→20分鐘 ・最後發酵→25分鐘
・發酵溫度→28°C ・濕度→75% ・預熱／烘烤溫度→上火200°C、下火190°C
・烘焙時間→15分鐘

材料

A 乾性材料

高筋麵粉 …………1000克
糖………………… 180克
鹽………………… 15克
乾酵母 …………… 10克

全蛋………………… 150克
冷凍藍梅粒………… 100克
100°C湯種 ……… 120克
冰水 ……………… 620克

B 濕性材料

奶油………………… 150克

C 餡料

乳酪餡………………… 適量

作法

1. 將材料A攪拌均勻至表面呈光滑狀，加入材料B攪拌至完全擴展後。
2. 基本發酵30分鐘，翻面15分鐘，分割成150克，滾圓。再10分鐘。
3. 將麵團擀平，整形成長條形。
4. 將乳酪餡（作法請參考第22頁）擠條狀在麵團上，捲起。
5. 搓成長條狀，再整形成甜甜圈形狀，將接縫重疊。
6. 用大拇指、食指捏緊，避免發酵時彈開。
7. 最後發酵25分鐘。
8. 表面放上圖騰模型，撒裸麥粉。
9. 割4刀，即可放入烤箱。

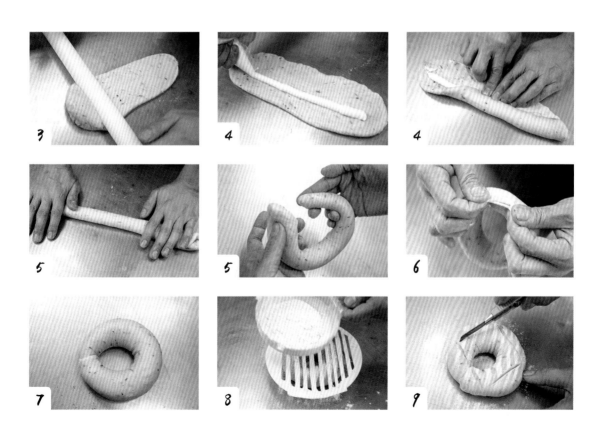

咖啡麻吉 份量=約14個

製作過程

・攪拌→擴展 ・基本發酵→30分鐘 ・鬆弛→20分鐘 ・最後發酵→40分鐘 ・發酵溫度→28°C
・濕度→75% ・預熱 / 烘烤溫度→上火200°C、下火190°C ・烘焙時間→16分鐘

材料

A 乾性材料		
高筋麵粉 ……………1000克	全蛋……………… 150克	奶油……………… 100克
糖………………… 120克	鮮奶 ……………… 350克	C 乾果
鹽………………… 15克	咖啡粉 …………… 25克	葡萄乾120克
100°C湯種 ……… 120克	冰水 ……………… 150克	D 餡料
乾酵母 …………… 11克	葡萄乾 …………… 120克	乳酪餡600克
	B 濕性材料	粿加膠200克

作法

1. 先將材料A中的咖啡粉和水煮過，放涼備用。
2. 材料A攪拌均勻至表面呈光滑狀，加入材料B攪拌至完全擴展。
3. 基本發酵30分鐘，翻面20分鐘，分割成150克1個，鬆弛15分鐘。
4. 將麵團擀平，整形成正方形。材料D打均勻成奶酪麻吉餡，將奶酪麻吉餡60克，擠成條狀後鋪在麵團上，抹平。
5. 捲起成長條狀，沾高筋麵粉。
6. 手刀搓揉，先從麵團中間搓，勿搓斷。接著再搓兩邊，搓出4段。
7. 將麵團兩邊連結，整成圓形。
8. 表面撒上高筋麵粉，割4刀，放入烤箱烤烘。

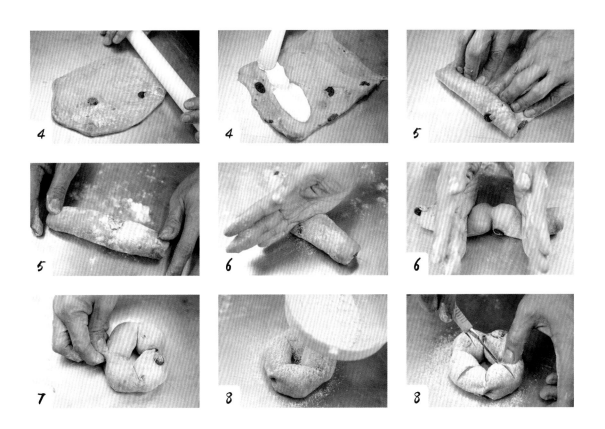

小紅莓 份量=約15個

製作過程

• 攪拌→擴展 • 基本發酵→30分鐘 • 鬆弛→20分鐘 • 最後發酵→30分鐘
• 發酵溫度→28°C • 濕度→80% • 預熱／烘烤溫度→上火190°C、下火180°C
• 烘焙時間→17分鐘

材料

A 乾性材料
高筋麵粉 ⋯⋯⋯⋯⋯1000克
糖⋯⋯⋯⋯⋯⋯⋯ 200克
鹽⋯⋯⋯⋯⋯⋯⋯ 12克
奶粉 ⋯⋯⋯⋯⋯⋯ 80克

100°C湯種 ⋯⋯⋯ 100克
乾酵母 ⋯⋯⋯⋯⋯ 12克
鮮奶油 ⋯⋯⋯⋯⋯ 200克
亞麻子 ⋯⋯⋯⋯⋯ 100克
冰水 ⋯⋯⋯⋯⋯⋯ 480克

B 濕性材料
奶油⋯⋯⋯⋯⋯⋯ 120克
C 餡料
核桃 ⋯⋯⋯⋯⋯⋯ 適量
蔓越莓 ⋯⋯⋯⋯⋯ 100克

作法

1. 材料A的亞麻子和材料C的核桃，使用前須以上下火各200度，烤5分鐘，備用；材料C的蔓越莓，須以熱水沖一下，瀝乾備用。
2. 材料A攪拌均勻至表面呈光滑狀，加入材料B攪拌至完全擴展，再加入材料C拌勻即可。
3. 基本發酵30分鐘，翻面再20分鐘，分割160克，滾圓，鬆弛15分鐘，整形成長條狀。
4. 先將麵團擀平，整形成長方形後，均勻的鋪上核桃。
5. 捲起成橄欖狀，最後發酵30分鐘。
6. 表面撒裸麥粉，畫6刀，割出三角形線條，即可送入烤箱。

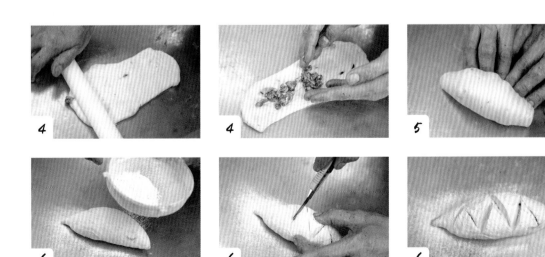

4　　　　4　　　　5

6　　　　6　　　　6

雜糧五穀 份量=約16個

製作過程

- 攪拌→擴展 • 基本發酵→30分鐘 • 鬆弛→20分鐘 • 最後發酵→40分鐘
- 發酵溫度→28°C • 濕度→75% • 預熱/烘烤溫度→上火200°C、下火200°C
- 烘焙時間→16分鐘

材料

A 乾性材料

高筋麵粉	800克
雜糧粉	200克
黑糖	120克
鹽	18克

乾酵母	10克
100°C湯種	120克
奶粉	60克
鮮奶油	100克
冰水	650克

B 濕性材料

奶油	80克

C 餡料

葡萄乾	200克
桔皮	100克

作法

1. 材料A攪拌均勻至表面呈光滑狀，加入材料B攪拌至表面呈光滑面，再加入材料C攪拌均勻。
2. 基本發酵30分鐘，翻面再20分鐘，分割1個150克，滾圓，鬆弛15分鐘。
3. 取一麵團滾圓，捏緊。
4. 用手掌將麵團壓扁排氣。
5. 用刮刀在周邊先切4刀。
6. 再用剪刀，從側面中間剪4刀。
7. 表面撒高筋麵粉，大拇指往中間按下去，烤焙時比較不會變形。
8. 最後發酵40分鐘，再放入烤箱。

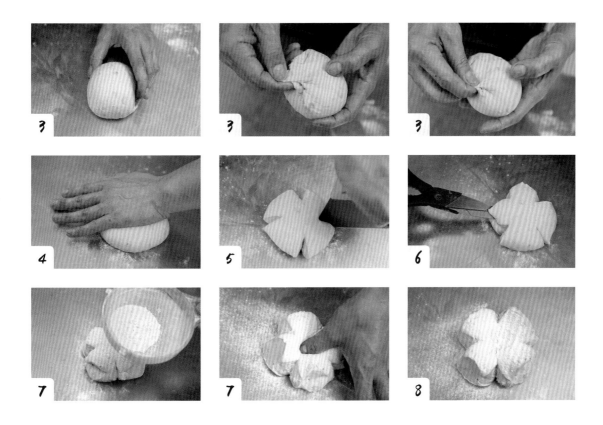

和風起士 份量＝約17個

🍞 製作過程

• 攪拌→擴展 • 基本發酵→30分鐘 • 鬆弛→20分鐘 • 最後發酵→38分鐘 • 發酵溫度→28°C
• 濕度→75% • 預熱/烘烤溫度→上火200°C、下火190°C • 烘焙時間→16分鐘

材料

A 乾性材料
高筋麵粉 …………1000克
糖………………… 200克
鹽………………… 18克
乾酵母 ……………… 12克

奶粉 ………………… 60克
蛋白………………… 100克
100°C湯種 ……… 150克
冰鮮奶 …………… 600克

B 濕性材料
奶油………………… 100克
C 餡料
起士丁………………… 300克
核桃 ……………… 150克

作法

1. 材料C的核桃,使用前以上、下火各200度,烤5分鐘。
2. 將材料A攪拌均勻至表面呈光滑狀,加入材料B攪拌至光滑面,再加入材料C攪拌均勻。
3. 基本發酵30分鐘,翻面20分鐘,分割成160克,滾圓。再15分鐘,排氣,滾圓,最後發酵。
4. 表面撒裸麥粉,割十字,可噴蒸氣,加強膨脹力道,讓外皮更鬆軟。

日式芒果 份量=約15個

製作過程

• 攪拌→擴展 • 基本發酵→30分鐘 • 鬆弛→20分鐘 • 最後發酵→35分鐘 • 發酵溫度→28°C
• 濕度→70% • 預熱／烘烤溫度→上火200°C、下火190°C • 烘焙時間→15分鐘

材料

A 乾性材料

高筋麵粉 ………… 500克	乾酵母 ………………… 11克	**C果乾**
法國麵粉 ………… 500克	100°C湯種 ……… 120克	芒果丁……………… 150克
細砂糖 …………… 100克	冰水 ……………… 550克	蔓越莓 ……………… 80克
芒果泥…………… 150克	**B.濕性材料**	**D餡料**
鹽………………… 12克	奶油……………… 120克	乳酪餡………………… 適量

作法

1. 將材料A攪拌均勻至表面呈光滑狀，加入材料B攪拌均勻至光滑面，再加入材料C拌勻就好。
2. 材料C的芒果丁和蔓越莓，需事先用熱水沖一下，曬乾備用，切忌沖太久，避免芒果纖維被沖爛掉，口感不佳。
3. 基本發酵30分鐘，翻面20分鐘，分割成150克1個，滾圓。再10分鐘。
4. 將麵團撣成長方型，再擠3條乳酪餡（作法請參考第22頁），橫放在麵團上。
5. 加有乳酪餡的麵團，慢慢捲起、捲緊，最後發酵35分鐘。
6. 表面撒高筋麵粉，割3刀後，放進烤箱烘焙。

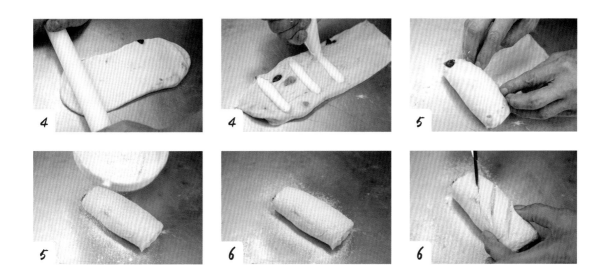

法式洋蔥 份量=約10個

製作過程

· 攪拌→擴展 · 基本發酵→30分鐘 · 鬆弛→20分鐘 · 最後發酵→30分鐘 · 發酵溫度→28°C
· 濕度→75% · 預熱/烘烤溫度→上火200°C、下火190°C · 烘焙時間→23分鐘

材料

A 乾性材料
高筋麵粉 ………… 1000克
糖 …………………… 160克
鹽 ……………………… 15克

乾酵母 …………… 12克
100°C湯種 ……… 100克
冰水 ……………… 400克
鮮奶 ……………… 280克

炸過的洋蔥絲 …… 120克
B.濕性材料
奶油 ……………… 100克

作法

1. 材料A攪拌均勻至表面呈光滑狀，加入材料B攪拌至完全擴展。
2. 基本發酵30分鐘，翻面20分鐘，分割成1個200克，滾圓，鬆弛15分鐘。
3. 將麵團擀長，整形成長方形。
4. 在表面鋪上培根4片。培根放置時，間隔距離要分好，才不會烤不熟。
5. 撒適量的披薩絲在培根上，將包入培根和披薩絲的麵團捲起，整形成兩邊尖尖。
6. 最後發酵好，沾裸麥粉，表面中間割一刀，兩邊兩刀，送入烤箱。

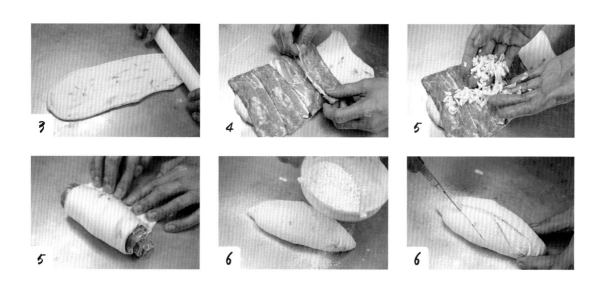

花椰起士 份量=約14個

🍞 製作過程

・攪拌→擴展　・基本發酵→30分鐘　・鬆弛→20分鐘　・最後發酵→40分鐘
・發酵溫度→28°C　・濕度→75%　・預熱/烘烤溫度→上火200°C、下火200°C
・烘焙時間→16分鐘

材料

A 乾性材料

高筋麵粉 ·········· 800克
法國粉 ·········· 200克
糖·················· 80克

鹽···················· 18克
乾酵母 ·········· 11克
100°C湯種 ········ 100克
花椰菜 ·········· 300克

水··················· 520克
B 濕性材料
奶油················· 100克

作法

1. 先將材料A中的花椰菜，切去根部後，用果汁機打碎成塊狀。
2. 材料A攪拌均勻至表面呈光滑狀，加入材料B攪拌均勻即可。由於麵團中有花椰菜，水分一定要瀝乾，攪拌均勻就好。
3. 基本發酵30分鐘，翻面20分鐘，分割成1個150克，滾圓，鬆弛15分鐘。
4. 取1麵團，擀平後，整形成三角形。
5. 鋪上適量乳酪丁。
6. 先將三角形一角往內折，再折另一角，整形成三角形。
7. 沾起士粉。最後發酵30分鐘。
8. 三個角的表面，各割2刀後，撒上披薩絲，即可送入烤箱。

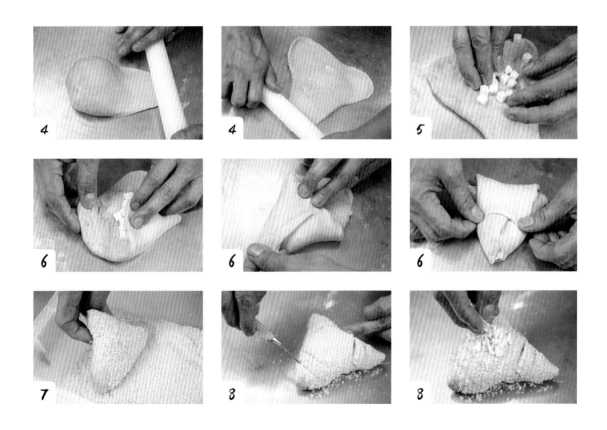

青醬燻雞　份量=約13個

製作過程

- 攪拌→擴展 • 基本發酵→30分鐘 • 鬆弛→20分鐘 • 最後發酵→30分鐘 • 發酵溫度→28°C
- 濕度→75% • 預熱/烘烤溫度→上火200°C、下火190°C • 烘焙時間→16分鐘

材料

A 乾性材料
高筋麵粉 ┄┄┄┄┄1000克
糖┄┄┄┄┄┄┄┄┄ 100克
鹽┄┄┄┄┄┄┄┄┄┄ 15克
乾酵母 ┄┄┄┄┄┄ 10克

100°C湯種 ┄┄┄ 120克
青醬┄┄┄┄┄┄┄ 120克
冰水 ┄┄┄┄┄┄ 650克
B 濕性材料
奶油┄┄┄┄┄┄┄┄┄ 80克

C 餡料
燻雞肉 ┄┄┄┄┄ 100克

作法

1. 材料A攪拌均勻至表面呈光滑狀，加入材料B攪拌至完全擴展。
2. 基本發酵30分鐘，翻面20分鐘，分割成1個150克，滾圓，鬆弛15分鐘。
3. 麵團擀平後，整形成正方形。
4. 包進燻雞肉後，捲起成長橢圓形，沾起士粉最後發酵30分鐘
5. 表面割5刀，可噴蒸氣。

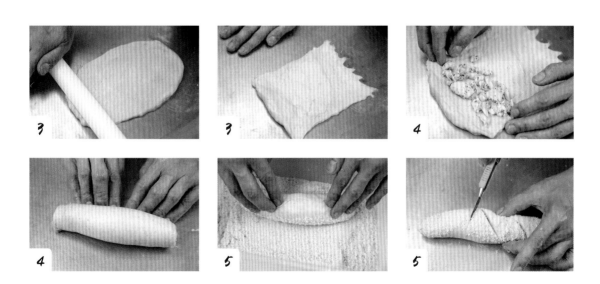

3　　　3　　　4

4　　　5　　　5

鹽可頌 份量=約34個

製作過程

• 攪拌→擴展 • 基本發酵→30分鐘 • 鬆弛→20分鐘 • 最後發酵→30分鐘 • 發酵溫度→27°C
• 濕度→70% • 預熱／烘烤溫度→上火210°C、下火200°C • 烘焙時間→12分鐘

材料

A 乾性材料

高筋麵粉 …………	500克
法國麵粉 …………	500克
鹽 …………………	16克
糖 …………………	120克

乾酵母 …………………	10克
100°C湯種 …………	100克
鮮奶油 ……………	100克
冰水 ………………	620克
黑胡椒(視個人口味添加)	15克

B 濕性材料

奶油 ……………………	100克

C 餡料

鹹奶油餡 ……………	適量

作法

1. 材料A攪拌均勻至表面呈光滑狀，加入材料B攪拌至完全擴展。
2. 基本發酵30分鐘，直接分割1個60克，鬆弛10分鐘。
3. 將麵團搓成水滴型後再擀平。
4. 放入一條鹹奶油餡。
5. 將麵團由最寬處往窄處捲，最後發酵30分鐘。
6. 表面可灑點水再撒海鹽，利於海鹽附著，再放入烤箱烘焙。

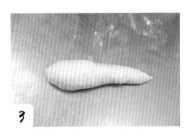

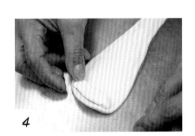

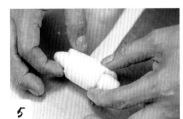

黑佳麗 份量＝約15個

🍞製作過程

- -

- 攪拌→擴展 • 基本發酵→30分鐘 • 鬆弛→20分鐘 • 最後發酵→35分鐘 • 發酵溫度→28°C
- 濕度→75% • 預熱 / 烘烤溫度→上火200°C、下火200°C • 烘焙時間→16分鐘

材料

A 乾性材料

高筋麵粉 ············ 1000克

糖 ···················· 220克

鹽 ····················· 12克

乾酵母 ················· 11克

鮮奶油 ················ 100克

黑炭可可 ·············· 30克

全蛋 ·················· 100克

100°C湯種 ············ 125克

冰水 ················· 520克

B 濕性材料

奶油 ·················· 120克

C.餡料

乳酪餡 ················· 適量

巧克力水滴 ············ 適量

作法

1. 材料A攪拌均勻至表面呈光滑狀，加入材料B攪拌至完全擴展。
2. 基本發酵30分鐘，翻面再20分鐘，分割1個150克，鬆弛15分鐘。
3. 麵團擀成長條型，擠上乳酪餡（作法請參考第22頁），再放巧克力水滴，由長條形兩邊捲起。
4. 鬆弛2分鐘，打8字結，再最後發酵。
5. 表面撒高筋麵粉再送進烤箱烘烤。

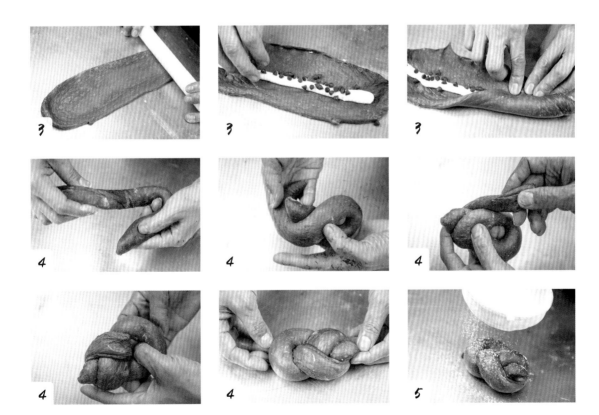

瑞士可可　份量＝約16個

製作過程

- 攪拌→擴展 • 基本發酵→30分鐘 • 鬆弛→20分鐘 • 最後發酵→35分鐘 • 發酵溫度→27°C
- 濕度→75% • 預熱／烘烤溫度→上火200°C、下火180°C • 烘焙時間→15分鐘

材料

A 乾性材料

高筋麵粉	700克
法國麵粉	300克
糖	100克
鹽	12克
乾酵母	11克
100°C湯種	120克
鮮奶油	100克
可可粉	30克
冰水	660克

B 濕性材料

奶油	80克

C 餡料

巧克力水滴	150克
蔓越莓乾	200克

作法

1. 材料A的水跟可可粉可以先煮好，放進冰箱備用；材料C的蔓越莓需先沖熱水，去雜質。
2. 材料A攪拌均勻至表面呈光滑狀，加入材料B攪拌至完全擴展，再加入材料C拌勻即可。
3. 基本發酵30分鐘，翻面再20分鐘，分割成1個150克，滾圓。鬆弛15分鐘。
4. 將麵團擀平，整形近似長方形後，捲起。
5. 整形成橄欖的形狀。最後發酵約40分鐘。
6. 表面擦全蛋液，割S痕跡2刀。

紅龍果 份量＝約16個

製作過程

- 攪拌→擴展 ・基本發酵→30分鐘 ・鬆弛→20分鐘 ・最後發酵→35分鐘 ・發酵溫度→28°C
- 濕度→75% ・預熱/烘烤溫度→上火190°C、下火180°C ・烘焙時間→16分鐘

材料

A 乾性材料
高筋麵粉 ……………1000克
糖………………… 120克
鹽………………… 13克
乾酵母 …………… 11克
紅火龍果 ………… 150克

鮮奶油 ………… 100克
100°C湯種 ……… 120克
冰水 …………… 500克
B 濕性材料
奶油………………… 80克
C 果乾

蔓越莓乾 ………… 200克
葡萄乾 …………… 150克
桔皮丁…………… 100克
D 內餡
乳酪餡………………… 適量

作法

1. 材料C的乾果，使用前先用熱水沖一下後，瀝乾備用。
2. 材料A攪拌均勻至表面呈光滑狀，加入材料B攪拌至完全擴展，再加入材料C拌勻即可。
3. 基本發酵30分鐘，翻面20分鐘，分割成1個150克，滾圓，鬆弛15分鐘。
4. 再滾圓，包入乳酪餡（作法請參考第22頁），最後發酵35分鐘。
5. 表面撒裸麥粉，用剪刀剪米字形後，放入烤箱。

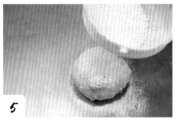

塔香起士　份量＝約13個

製作過程

• 攪拌→擴展 • 基本發酵→30分鐘 • 鬆弛→20分鐘 • 最後發酵→30分鐘 • 發酵溫度→28°C
• 濕度→70% • 預熱/烘烤溫度→上火200°C、下火200°C • 烘焙時間→15分鐘

材料

A 乾性材料
高筋麵粉 ………… 850克
低筋麵粉 ………… 150克
鹽………………… 18克
糖………………… 100克

乾酵母 ……………… 10克
100°C湯種 ……… 120克
九層塔 ……………… 75克
冰水 ……………… 650克

B 濕性材料
奶油…………………… 80克
C 餡料
香蒜餡 ……………… 適量

作法

1. 材料A攪拌均勻至表面呈光滑狀，加入材料B攪拌至完全擴展。
2. 基本發酵30分鐘，翻面20分鐘，再分割成1個150克。滾圓，鬆弛15分鐘。
3. 擀平後，整形成長方形，在麵團表面，抹上一層薄薄的香蒜餡（作法請參考第21頁）。
4. 將麵團整形成三角形，先將長方形的一角，往內對摺成三角形。
5. 繼續往內對折三角，直到長方形麵團整成三角形，最後發酵30分鐘。
6. 表面撒裸麥粉，割成W狀。

3

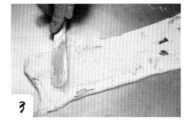

3

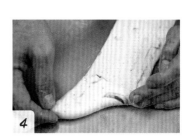

4

5

6

6

黑糖桂圓 份量=約17個

🍞 製作過程

• 攪拌→擴展 • 基本發酵→30分鐘 • 鬆弛→20分鐘 • 最後發酵→40分鐘 • 發酵溫度→28°C
• 濕度→75% • 預熱／烘烤溫度→上火200°C、下火200°C • 烘焙時間→16分鐘

材料

A 乾性材料
高筋麵粉 ………… 700克
法國麵粉 ………… 300克
黑糖 ………… 130克
蜂蜜 ………… 100克

鹽 ………… 12克
乾酵母 ………… 11克
100°C湯種 ………… 200克
冰水 ………… 650克
B 濕性材料

奶油 ………… 80克
C 餡料
桂圓 ………… 200克
核桃 ………… 200克

作法

1. 材料C的桂圓需沖熱水後瀝乾備用；核桃需先以上、下火各200度，烤5分鐘備用。
2. 材料A攪拌均勻至表面呈光滑狀，加入材料B攪拌至完全擴展，再加入材料C拌勻即可。
3. 基本發酵30分鐘，翻面再20分鐘，分割1個150克，滾圓。鬆弛15分鐘。
4. 將麵團擀平後，整形成三角形。再將三角形麵團，向內折成有厚度的三角形。
5. 最後發酵40分鐘。表面放圖騰，撒裸麥粉。
6. 在三個角的表面，各割2刀，即可送入烤箱。

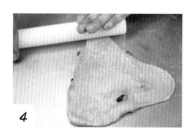
4

4

4

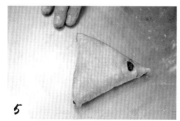
5

5

6

蜂蜜恰恰　份量=約16個

製作過程

- 攪拌→擴展・基本發酵→30分鐘・鬆弛→20分鐘・最後發酵→40分鐘・發酵溫度→28°C
- 濕度→75%・預熱／烘烤溫度→上火200°C、下火190°C ・烘焙時間→15分鐘

材料

A 乾性材料

高筋麵粉	700克	鹽	18克
法國麵粉	300克	乾酵母	10克
糖	50克	100°C湯種	100克
蜂蜜	150克	鮮奶油	100克
		冰水	660克

B 濕性材料

奶油 80克

C 餡料

蜂蜜丁 250克

核桃 150克

作法

1. 材料C的核桃，使用前須以上下火各200度烘烤5分鐘。
2. 材料A攪拌均勻至表面呈光滑狀，加入材料B攪拌至完全擴展，再加入材料C拌勻即可。
3. 基本發酵30分鐘，翻面再20分鐘，分割1個150克，滾圓，鬆弛15分鐘。
4. 再滾圓，最後發酵40分鐘。
5. 表面撒裸麥粉，割中間1刀，左右兩側各3刀，可噴蒸氣。

4

4

5

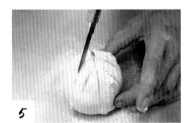
5

3

吐司麵包

加入100°C湯種做成的吐司麵包，掰開來，麵包會有拉絲的感覺，質地綿密，口感柔軟，聞得到香氣，色香味俱全。

豆漿吐司 份量=約5條

🍞 製作過程

• 攪拌→擴展 • 基本發酵→30分鐘 • 鬆弛→20分鐘 • 最後發酵→40分鐘 • 發酵溫度→28°C
• 濕度→75% • 預熱／烘烤溫度→上火180°C、下火200°C • 烘焙時間→35分鐘

材料

A 乾性材料1

高筋麵粉 …………… 400克

糖…………………… 90克

鹽 ………………… 15克

黃豆渣 …………… 100克

100°C滾水 ……… 300克

B 乾性材料2

高筋麵粉 ………… 600克

鮮奶油 …………… 200克

冰的有糖豆漿 …… 400克

乾酵母 ………… 13克

C 濕性材料

冰奶油 ………… 100克

作法

1. 將材料A攪拌均勻。材料B使用前先放入冷凍庫10分鐘，乾酵母也先冰。之後再將材料B放入攪拌，快速攪拌至表面呈光滑狀，再加入C攪拌至完全擴展。

2. 麵團基本發酵30分鐘後，翻面20分鐘，分割成225克2個，滾圓，鬆弛15分鐘。

3. 先取一麵團，擀平整形成長方形後，捲成長條狀。

4. 另一麵團，也重覆作法3，共做出2個長條狀麵團。

5. 運用兩長條形麵團打辮子，先擺成如人字形，1條在上，1條在下。

6. 接下來，先將下方的麵團放至上方麵團上面，將兩條麵團捲成麻花狀。

7. 捲成麻花狀過程中，要注意中間不要露出空隙。

8. 捲好後，注意將兩邊捏緊後，放入模型約8分滿。

9. 撒裸麥粉，可噴蒸氣，沒有也可以。

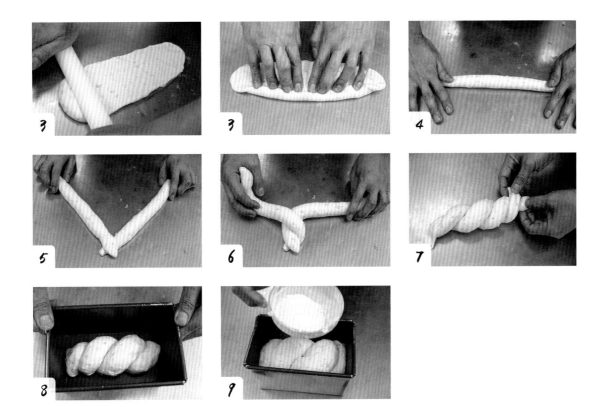

金磚吐司 份量=約4條

製作過程

· 攪拌→擴展 · 基本發酵→30分鐘 · 鬆弛→20分鐘 · 最後發酵→50分鐘 · 發酵溫度→28°C
· 濕度→70% · 預熱/烘烤溫度→上火170°C、下火200°C · 烘焙時間→35分鐘

材料

A 乾性材料

高筋麵粉 ·············· 900克
低筋麵粉 ·············· 100克
細砂糖 ·············· 200克
鹽·············· 12克

黑炭可可粉 ·········· 25克
乾酵母 ·············· 12克
100°C湯種 ········· 100克

B 濕性材料

鮮奶油 ·············· 100克

蛋黃 ················ 100克
水 ·················· 550克

C

奶油

D 內餡

乳酪餡·················· 適量

作法

1. 將材料A攪拌均勻至表面呈光滑狀，加入材料B攪拌至完全擴展後，加入C攪拌。
2. 基本發酵30分鐘翻面，再20分鐘，分割成150克1個，共3個，鬆弛10分鐘。
3. 先包入乳酪餡30克（作法請參考第22頁），將麵團收口處捏緊。
4. 將麵團擀平，整形成長方形後，再慢慢捲起。
5. 3個1組放入烤模，最後發酵50分鐘，至八分滿。
6. 擦全蛋液，1個麵團割2刀，共6刀。
7. 撒上珍珠糖後放入烤箱。

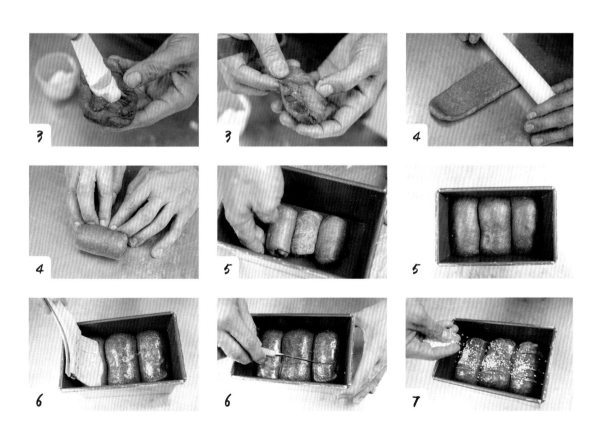

咖啡豆豆 份量=約3條

製作過程

• 攪拌→擴展 • 基本發酵→30分鐘 • 鬆弛→20分鐘 • 最後發酵→40分鐘 • 發酵溫度→28°C
• 濕度→70% • 預熱/烘烤溫度→上火180°C、下火200°C • 烘焙時間→38分鐘

材料

A 乾性材料

高筋麵粉 …………1000克
糖………………… 120克
鹽…………………… 12克
乾酵母 …………… 12克
咖啡粉 …………… 30克

100°C湯種 ……… 120克
鮮奶油 …………… 100克
全蛋…………… 100 克
冰水 …………… 520克
B 濕性材料
奶油120克

C 餡料

葡萄乾 …………… 150克
水滴巧克力 ……… 適量
D 裝飾
全蛋液………………… 適量
珍珠糖 …………… 適量

作法

1. 將材料A攪拌均勻至表面呈光滑狀，加入材料B攪拌至完全擴展後，加入C攪拌均勻。
2. 基本發酵30分鐘後，翻面，將麵團分割成150克1個，3個為一組。
3. 取一麵團，擀平後擀成長方形。
4. 均勻撒上適量的水滴巧克力，將麵團捲起，收口捏緊。
5. 第2、第3個麵團，重複作法3～4。
6. 3個麵團為1組，放入模型，最後發酵40分鐘。
7. 表面擦全蛋液，撒上珍珠糖，即可送入烤箱烘焙。

4

4

5

6

6

6

青醬吐司 份量=約5條

製作過程

· 攪拌→擴展 · 基本發酵→30分鐘 · 鬆弛→20分鐘 · 最後發酵→50分鐘 · 發酵溫度→28°C
· 濕度→75% · 預熱/烘烤溫度→上火190°C、下火210°C · 烘焙時間→38分鐘

材料

A 乾性材料

高筋麵粉	1000克
糖	100克
乾酵母	12克
鹽	15克

青醬	60克
100°C湯種	120克
青醬	150克
冰水	600克

B 濕性材料

奶油	60克

C 餡料

燻雞肉	適量
披薩絲	適量

作法

1. 將材料A攪拌均勻至表面呈光滑狀，其中青醬作法請參考第20頁，加入材料B攪拌至完全擴展後。
2. 基本發酵30分鐘，翻面20分鐘，分割成450克1個，滾圓，再10分鐘。
3. 取1麵團，擀平後，再擀成長方形。
4. 在麵團上均勻地鋪上內餡燻雞肉，再慢慢捲起後放入烤模，最後發酵至8分滿
5. 表面擦全蛋液，劃3刀。
6. 撒披薩絲，即可放入烤箱。
7. 出爐時，可在吐司表面撒少許細蔥作為裝飾。

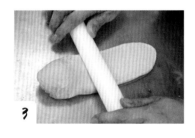

紅豆煉乳 份量=約5條

🍞🌾 製作過程

- -

- 攪拌→擴展 • 基本發酵→30分鐘 • 鬆弛→20分鐘 • 最後發酵→50分鐘 • 發酵溫度→28°C
- 濕度→75% • 預熱/烘烤溫度→上火170°C、下火210°C • 烘焙時間→38分鐘

材料

A 乾性材料

高筋麵粉	950克
低筋麵粉	50克
糖	120克
乾酵母	10克
鹽	12克

100°C湯種	100克
鮮奶油	150克
鮮奶	250克
全蛋	110克
煉乳	50克
冰水	150克

B 濕性材料

奶油	120克

C 餡料

低糖紅豆	適量

作法

1. 將材料A攪拌均勻至表面呈光滑狀，加入材料B攪拌至完全擴展。
2. 基本發酵30分鐘，翻面，分割成150克1個，共3個，滾圓，再10分鐘。
3. 取1個麵團，包入紅豆餡，搓揉成水滴狀，鬆弛10分鐘。
4. 將麵團擀平後，捲起，收口處要捏緊。
5. 麵團打辮子後，可直接捲起或三個一組，放入模型，最後發酵至8分滿。
6. 擦全蛋後撒酥波蘿（作法請參考第18頁），即可放入烤箱。

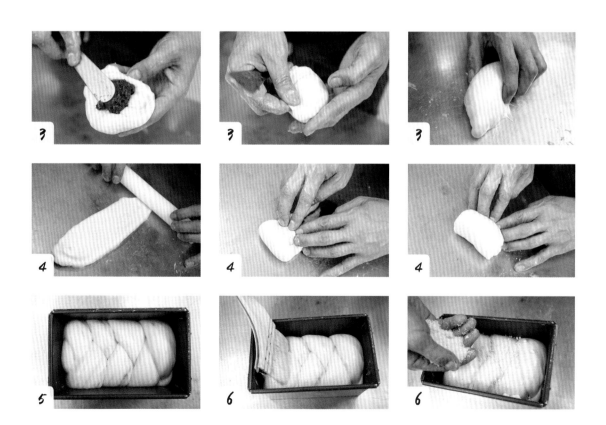

特濃發酵 份量=約5條

製作過程

- 攪拌→擴展・基本發酵→30分鐘・鬆弛→15分鐘・最後發酵→45分鐘・發酵溫度→27°C
- 濕度→75%・預熱/烘烤溫度→上火170°C・下火200°C・烘焙時間→35分鐘

材料

A 乾性材料		
高筋麵粉 ⋯⋯⋯1000克	蛋黃 ⋯⋯⋯⋯ 150克	冰水 ⋯⋯⋯⋯ 600克
糖⋯⋯⋯⋯⋯⋯ 100克	奶粉 ⋯⋯⋯⋯ 100克	B 濕性材料
鹽⋯⋯⋯⋯⋯⋯ 18克	乾酵母 ⋯⋯⋯⋯ 12克	發酵奶油 ⋯⋯⋯ 200克
	100°C湯種 ⋯⋯ 160克	

作法

1. 將材料A攪拌均勻至表面呈光滑狀，加入材料B攪拌至完全擴展，薄膜階段。
2. 此外這款吐司強調香氣，選用發酵奶油，正是取其發酵過的奶油，香氣足的特性。
3. 基本發酵30分鐘，鬆弛15分鐘，分割成150克1個，滾圓。
4. 第一次擀平後，捲起，鬆弛10分鐘。
5. 鬆弛後，再進行第2次擀平，捲起，再放入模型。
6. 最後發酵至8分滿，即可送入烤箱烘焙。

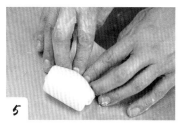

高鈣乳酪 份量=約5條

製作過程

- 攪拌→擴展 ‧ 基本發酵→30分鐘 ‧ 鬆弛→20分鐘 ‧ 最後發酵→50分鐘 ‧ 發酵溫度→28°C
- 濕度→75% ‧ 預熱／烘烤溫度→上火170°C、下火200°C ‧ 烘焙時間→38分鐘

材料

A 乾性材料

高筋麵粉	800克
中筋麵粉	200克
糖	200克
奶粉	30克

鹽	13克
起士粉	60克
乾酵母	12克
100°C湯種	100克
蛋黃	180克

冰水	450克

B 濕性材料

奶油	200克

C 餡料

乳酪丁	250克

作法

1. 將材料A攪拌均勻至表面呈光滑狀，加入材料B攪拌至完全擴展後，加入C攪拌。
2. 基本發酵30分鐘翻面，再20分鐘，分割成150公克，3個為1組，鬆弛10分鐘。
3. 第一次擀平，捲起後，鬆弛10分鐘。
4. 再擀平，捲起呈長條狀，打辮子放入模型，進行最後發酵。
5. 最後發酵至8分滿，撒上乳酪丁，即可送入烤箱。

健康多穀類 份量＝約5條

製作過程

- 攪拌→擴展 · 基本發酵→30分鐘 · 鬆弛→20分鐘 · 最後發酵→50分鐘 · 發酵溫度→28°C
- 濕度→75% · 預熱/烘烤溫度→上火180°C、下火210°C · 烘焙時間→35分鐘

材料

A 乾性材料
高筋麵粉 ┈┈┈┈┈1000克
黑糖 ┈┈┈┈┈┈ 100克
奶粉 ┈┈┈┈┈┈┈50克

乾酵母 ┈┈┈┈┈┈┈ 12克
鹽┈┈┈┈┈┈┈┈┈ 13克
100°C湯種 ┈┈┈┈ 100克
冰水 ┈┈┈┈┈┈┈ 680克

B 濕性材料
奶油┈┈┈┈┈┈┈┈ 150克
C 餡料
烤過的伍仁果 ┈┈┈ 500克

作法

1. 材料C的伍仁果買烤好的，要加入別的果類也可以，但一定要烤過。和100克鮮奶油泡1小時，備用。
2. 將材料A攪拌均勻至表面呈光滑狀，加入材料B攪拌至完全擴展後，加入C攪拌。
3. 基本發酵40分鐘翻面，再20分鐘，分割成150克的麵團2個，滾圓鬆弛15分鐘。
4. 將麵團擀平，進行第一次捲起，鬆弛15分鐘。
5. 再進行第2次擀平捲起後，沾上五穀雜糧後放入模型。
6. 最後發酵至8分滿，即可放進烤箱。

4

4

5

5

5

湯種白 份量=約6條

製作過程

• 攪拌→擴展 • 基本發酵→30分鐘 • 鬆弛→20分鐘 • 最後發酵→50分鐘 • 發酵溫度→28°C
• 濕度→80% • 預熱/烘烤溫度→上火170°C、下火220°C • 烘焙時間→38分鐘

材料

A 乾性材料
高筋麵粉 ⋯⋯⋯⋯1200克
細砂糖 ⋯⋯⋯⋯ 100克
奶粉 ⋯⋯⋯⋯⋯ 80克

乾酵母 ⋯⋯⋯⋯⋯⋯ 16克
鹽⋯⋯⋯⋯⋯⋯⋯⋯ 25克
100°C湯種 ⋯⋯ 750克
鮮奶油 ⋯⋯⋯⋯⋯ 125克

冰水 ⋯⋯⋯⋯⋯⋯ 680克
B 濕性材料
奶油⋯⋯⋯⋯⋯⋯⋯ 125克

作法

1. 將材料A攪拌至表面呈光滑狀，過程中需要快速攪拌，才能成團。接著加入材料B攪拌至完全擴展，呈現薄膜感的階段。
2. 基本發酵30分鐘，翻面15分鐘，分割成150克1個，3個1組，滾圓，再15分鐘。
3. 第一次擀平再捲起，鬆弛15分鐘；第2次擀平後捲起，放入模型。
4. 最後發酵至8分滿，表面放置圖騰、撒裸麥粉，再放進烤箱。這款吐司烤焙彈性強，口感較濕潤，與其他吐司大不同。

飯店吐司 份量＝約4條

製作過程

• 攪拌→擴展 • 基本發酵→30分鐘 • 鬆弛→20分鐘 • 最後發酵→40分鐘 • 發酵溫度→28°C
• 濕度→70% • 預熱/烘烤溫度→上火160°C、下火210°C • 烘焙時間→35分鐘

材料

A 乾性材料
鷹牌高筋麵粉 ……1000克
細砂糖 …………… 250克
鹽……………………… 15克
乾酵母 …………… 12克

奶粉 ………………… 80克
全蛋…………………… 320克
100°C湯種 ……… 120克
鮮奶 ………………… 350克

B 濕性材料
奶油…………………… 150克
C 裝飾
墨西哥皮……………… 適量

作法

1. 材料A中的鷹牌高筋麵粉，質地細密，較易展現出飯店吐司細膩如蛋糕的口感。
2. 將材料A攪拌均勻至表面呈光滑狀，加入材料B攪拌至完全擴展後。
3. 基本發酵30分鐘，翻面20分鐘，分割成140克1個，3個1組。滾圓，鬆弛15分鐘。
4. 第一次擀平後捲起，鬆弛15分鐘。
5. 模型內壁塗油，鋪上烘焙紙。
6. 第二次擀捲，放入模型，最後發酵至8分滿，表面擠上墨西哥皮（作法請參考第25頁）再送入烤箱烘焙。

黑糖葡萄 份量=約5條

🍞製作過程

- 攪拌→擴展 · 基本發酵→30分鐘 · 鬆弛→20分鐘 · 最後發酵→40分鐘 · 發酵溫度→28°C
- 濕度→75% · 預熱/烘烤溫度→上火170°C、下火210°C · 烘焙時間→38分鐘

材料

A 乾性材料

高筋麵粉 …………1000克	奶粉 …………… 80克	**B 濕性材料**
黑糖 ………… 220克	全蛋………… 100克	奶油………… 120克
鹽………… 12克	100°C湯種 ……… 150克	**C 餡料**
乾酵母 ………… 12克	冰水 …………… 600克	葡萄乾 ………… 300克

作法

1. 材料C的葡萄乾，需先用熱水快速沖一下，去雜質，瀝乾備用。
2. 先從材料A中取200克水與黑糖同煮，煮出黑糖的香氣，煮好的黑糖水放在冰箱備用。
3. 將材料A攪拌均勻至表面呈光滑狀，加入材料B攪拌至完全擴展後，加入材料C攪拌。材料C的葡萄乾不能攪拌超過5分鐘，也可用手拌入葡萄乾。
4. 基本發酵30分鐘，翻面20分鐘，分割成450克，滾圓後，鬆弛25分鐘。
5. 將麵團擀平後，整形成長方形，撒上適量黑糖粉。
6. 捲起後，放入模型發至8分滿。
7. 表面塗上全蛋液後，割5刀，撒酥菠蘿（作法請參考第18頁）再入爐烤焙。

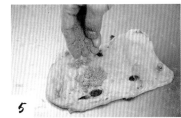
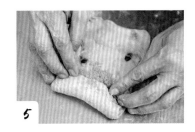

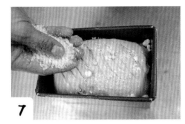

蜂蜜核桃 份量＝約5條

製作過程

- 攪拌→擴展 • 基本發酵→30分鐘 • 鬆弛→20分鐘 • 最後發酵→50分鐘 • 發酵溫度→28°C
- 濕度→75% • 預熱/烘烤溫度→上火160°C、下火210°C • 烘焙時間→35分鐘

材料

A 乾性材料

高筋麵粉 ⋯⋯⋯⋯1000克
糖⋯⋯⋯⋯⋯⋯⋯ 100克
蜂蜜 ⋯⋯⋯⋯⋯ 150克
鹽⋯⋯⋯⋯⋯⋯⋯ 18克

乾酵母 ⋯⋯⋯⋯⋯⋯ 12克
全蛋⋯⋯⋯⋯⋯⋯ 150克
100°C湯種 ⋯⋯⋯ 150克
冰水⋯⋯⋯⋯⋯⋯ 580克

B 濕性材料

奶油⋯⋯⋯⋯⋯⋯ 150克

C 餡料

蜂蜜丁 ⋯⋯⋯⋯⋯ 200克
核桃 ⋯⋯⋯⋯⋯⋯ 150克

作法

1. 先將材料C中的核桃，以上下火各180度烤5分鐘，去除生味，備用。
2. 將材料A攪拌均勻至表面呈光滑狀，加入材料B攪拌至完全擴展後，加入材料C攪拌。
3. 基本發酵30分鐘，翻面20分鐘，分割成225克的麵團2個為1組，滾圓後鬆弛25分鐘，再次滾圓。
4. 放入模型，最後發酵至8分滿，表面撒裸麥粉割兩刀。
5. 放進烤箱後，先按蒸氣3分鐘再烤焙。（若烤箱無蒸氣功能，則可先放入1杯熱水，使烤箱充滿蒸氣）

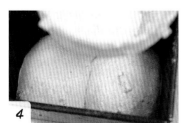

雞蛋吐司 份量=5條

🍞 製作過程

- 攪拌→擴展 • 基本發酵→30分鐘 • 鬆弛→20分鐘 • 最後發酵→50分鐘 • 發酵溫度→28°C
- 濕度→75% • 預熱／烘烤溫度→上火210°C、下火210°C • 烘焙時間→38分鐘

材料

A 乾性材料			
高筋麵粉 ……… 1000克	乾酵母 …………… 12克	鮮奶 …………… 350克
糖 …………… 200克	奶粉 …………… 100克	B 濕性材料
鹽 …………… 18克	全蛋 …………… 320克	奶油 …………… 150克
	100°C湯種 …… 120克	

作法

1. 將材料A攪拌均勻至表面呈光滑狀，加入材料B攪拌至完全擴展。
2. 基本發酵30分鐘，翻面20分鐘，分割成150克1個，3個1組。滾圓15分鐘。
3. 第一次擀捲，鬆弛15分鐘，第二次擀捲，放入模型。
4. 最後發酵至7分滿，放入烤箱烘烤。

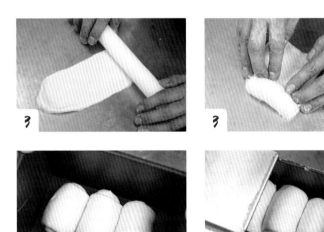

100°C 湯種麵包

超Q彈台式＋
歐式、吐司、麵團、
麵皮、餡料一次學會

http://www.ju-zi.com.tw

三友圖書
友直 友諒 友多聞

作　　　者	洪瑞隆
攝　　　影	楊志雄
編　　　輯	翁瑞祐
校　　　對	林憶欣、翁瑞祐
	洪瑞隆
美術設計	劉錦堂
發　行　人	程安琪
總　策　劃	程顯灝
總　編　輯	呂增娣
主　　　編	徐詩淵
編　　　輯	鍾宜芳、吳雅芳
	黃勻薔
美術主編	劉錦堂
美　　　編	吳靖玟、劉庭安
行銷總監	呂增慧
資深行銷	吳孟蓉
行銷企劃	羅詠馨
發　行　部	侯莉莉
財　務　部	許麗娟、陳美齡
印　　　務	許丁財
出　版　者	橘子文化事業有限公司
總　代　理	三友圖書有限公司
地　　　址	106台北市安和路2段213號4樓
電　　　話	(02) 2377-4155
傳　　　真	(02) 2377-4355
E-mail	service@sanyau.com.tw
郵政劃撥	05844889 三友圖書有限公司
總　經　銷	大和書報圖書股份有限公司
地　　　址	新北市新莊區五工五路2號
電　　　話	(02) 8990-2588
傳　　　真	(02) 2299-7900
製版印刷	卡樂彩色製版印刷有限公司
初　　　版	2018 年 06 月
一版二刷	2019 年 10 月
定　　　價	新臺幣 360 元
ＩＳＢＮ	978-986-364-124-7（平裝）

國家圖書館出版品預行編目 (CIP) 資料

100°C 湯種麵包：超 Q 彈台式＋歐式、吐司、
麵團、麵皮、餡料一次學會 / 洪瑞隆著. -- 初
版 . -- 臺北市：橘子文化 , 2018.06
面；　公分
ISBN　978-986-364-124-7（平裝）

1.點心食譜 2.麵包
427.16　　　　　　　　　　　　　107008844

多國甜點。繽紛誘人

和菓子・四時物語：跟著日式甜點職人，領略春夏秋冬幸福滋味
作者：渡部弘樹、傅君竹
攝影：楊志雄
定價：420元

揉合了四季五感的和菓子，展現春櫻、夏艷、秋楓、冬雪之美，以及女兒節、盂蘭盆節等日本節慶的精髓。和菓子職人邀請你，一同品味58種帶給人們幸福滋味的日式手作甜點。

零負擔甜點：戚風蛋糕、舒芙蕾、輕乳酪、天使蛋糕、磅蛋糕……7大類輕口感一次學會
作者：賴曉梅、鄭羽真
攝影：楊志雄
定價：380元

吃一口綿密的輕乳酪蛋糕，想品嘗舒芙蕾，都不必出門排隊或預約下午茶餐廳；兼具美味又零負擔的甜點，跟著作者，自己就能動手做！

法國甜點聖經：巴黎金牌糕點主廚207堂甜點課（精裝）
作者：克里斯道夫・菲爾德（Christophe Felder）
譯者：郭曉賡
定價：2400元

一看就懂的百種配方、鉅細靡遺的文字敘述，加上3200張詳盡步驟圖，法式甜點新手的零失手祕笈！從經典的馬卡龍到現正流行的泡芙，滿足你多變、挑剔的味蕾！

媽媽教我做的糕點：派塔X蛋糕X小點心，重溫兒時的好味道
作者：賈漢生、丁松筠
定價：380元

本書蛋糕烘焙食譜由丁松筠神父的母親、外國牧師娘留傳下來，喜愛烘焙的賈漢生根據食譜，運用天然食材搭配詳細作法，跟著媽媽的好手藝做出幸福樸實的道地美式點心。

懷舊糕餅2：再現72道古早味
作者：呂鴻禹
攝影：楊志雄
定價：435元

懷舊糕餅好評第二發！50年糕餅製作經驗豐富的老師傅，傳統手藝不藏私分享！鉅細靡遺的作法與步驟圖，一看就懂。

流行中式點心：茶粿、酥餅、糕點、包子饅頭一次學會
作者：獨角仙
定價：450元

花般美麗的荷花酥、飄香的胡椒餅、經典的老婆餅……這些美味，從今以後不必外求！只要跟著書中詳實步驟分解圖，初學者也能一次精通！

麵包世界，多采多姿

一顆蘋果做麵包：50款天然酵母麵包美味出爐

作者： 森 あき子（Akiko Yokomori）

譯者：陳柏瑤

定價：290元

由蘋果所發酵的酵母，以裸麥、全麥麵粉烘焙，全書50款自然風味的手作天然酵母麵包，少了人工添加物的香精味，讓人盡量享美味天然的滋味。

麵包職人的烘焙廚房- 50款經典歐法麵包零失敗

作者：陳共銘

攝影：楊志雄

定價：330元

50款經典歐、法、台式麵包，從酵母的培養，到麵種的製作……，書中超過500張步驟圖，Step by step詳細解說，教你做出職人級的美味麵包。

學做麵包的第一本書：12個基本做法，教你完成零失敗的歐日麵包

作者：Sarah Yam@麵包雲

定價：450元

麵包師以藍帶廚藝學院學來的理論知識告訴你：做麵包真的很簡單！掌握12個不敗基本法，從備料、揉麵、分割、整形、發酵……到麵包的烘烤、保存與食用，按照書中的步驟逐一進行，健康、美味、零失敗的歐日麵包就能美味出爐！

75款零負擔天然發酵麵包與餅乾

作者：金智妍

譯者：邱淑怡

定價：450元

一位「藍帶」家庭主婦教您，親手烘焙出天然發酵的麵包與餅乾，不含任何化學添加物、反式脂肪酸，健康又美味，兼顧胃腸與味蕾。

星級主廚的百變三明治：嚴選14種麵包×20種醬料×50款美味三明治輕鬆做

作者：陳鏡謙 攝影：楊志雄

定價：395元

本書介紹50種三明治的食譜及基本作法，並推薦說明20款適合搭配三明治的醬料作法，主廚還教大家如何簡單做三明治內餡，非常適合廚藝不精或初學者，但喜歡吃漢堡三明治的讀者。

烘焙餐桌：麵包機輕鬆做×天然酵母麵包×地中海健康料理

作者：金采泳 譯者：王品涵

定價：420元

用麵包機做天然酵母麵包，16種麵包一起學會。搭配清爽零負擔的地中海健康料理，把健康好吃端上桌。

親愛的讀者：
感謝您購買《100°C湯種麵包：超Q彈台式麵包+歐式、吐司、麵團、麵皮、餡料一次學會》一書，為感謝您對本書的支持與愛護，只要填妥本回函，並寄回本社，即可成為三友圖書會員，將定期提供新書資訊及各種優惠給您。

姓名＿＿＿＿＿＿＿＿＿＿＿＿＿＿＿ 出生年月日＿＿＿＿＿＿＿＿＿＿＿＿＿＿＿＿
電話＿＿＿＿＿＿＿＿＿＿＿＿＿＿＿ E-mail＿＿＿＿＿＿＿＿＿＿＿＿＿＿＿＿＿
通訊地址＿＿＿＿＿＿＿＿＿＿＿＿＿＿＿＿＿＿＿＿＿＿＿＿＿＿＿＿＿＿＿＿＿＿
臉書帳號＿＿＿＿＿＿＿＿＿＿＿＿＿＿＿＿＿＿＿＿＿＿＿＿＿＿＿＿＿＿＿＿＿＿
部落格名稱＿＿＿＿＿＿＿＿＿＿＿＿＿＿＿＿＿＿＿＿＿＿＿＿＿＿＿＿＿＿＿＿

1 年齡
□18歲以下　　□19歲～25歲　　□26歲～35歲　　□36歲～45歲　　□46歲～55歲
□56歲～65歲　□66歲～75歲　　□76歲～85歲　　□86歲以上

2 職業
□軍公教 □工 □商 □自由業 □服務業 □農林漁牧業 □家管 □學生
□其他＿＿＿＿＿＿＿＿＿＿＿＿

3 您從何處購得本書？
□博客來　□金石堂網書　□讀冊　□誠品網書　□其他＿＿＿＿＿＿＿＿＿＿
□實體書店＿＿＿＿＿＿＿＿

4 您從何處得知本書？
□博客來　□金石堂網書　□讀冊　□誠品網書　□其他＿＿＿＿＿＿＿＿＿＿
□實體書店＿＿＿＿＿＿＿＿　　□FB（三友圖書-微胖男女編輯社）
□好好刊（雙月刊）　□朋友推薦　□廣播媒體＿＿＿＿＿＿＿＿＿＿＿＿＿＿

5 您購買本書的因素有哪些？（可複選）
□作者 □內容 □圖片 □版面編排 □其他＿＿＿＿＿＿＿＿＿＿＿＿

6 您覺得本書的封面設計如何？
□非常滿意 □滿意 □普通 □很差 □其他＿＿＿＿＿＿＿＿＿＿

7 非常感謝您購買此書，您還對哪些主題有興趣？（可複選）
□中西食譜　□點心烘焙　□飲品類　□旅遊　□養生保健　□瘦身美妝　□手作　□寵物
□商業理財　□心靈療癒　□小說　　□其他＿＿＿＿＿＿＿＿＿＿＿＿＿＿

8 您每個月的購書預算為多少金額？
□1,000元以下　　□1,001～2,000元　□2,001～3,000元　□3,001～4,000元
□4,001～5,000元　□5,001元以上

9 若出版的書籍搭配贈品活動，您比較喜歡哪一類型的贈品？（可選2種）
□食品調味類　　□鍋具類　　□家電用品類　　□書籍類　　□生活用品類　　□DIY手作類
□交通票券類　　□展演活動票券類　　□其他＿＿＿＿＿＿＿＿＿＿＿＿＿＿

10 您認為本書尚需改進之處？以及對我們的意見？
＿＿＿＿＿＿＿＿＿＿＿＿＿＿＿＿＿＿＿＿＿＿＿＿＿＿＿＿＿＿＿＿＿＿＿＿＿＿
＿＿＿＿＿＿＿＿＿＿＿＿＿＿＿＿＿＿＿＿＿＿＿＿＿＿＿＿＿＿＿＿＿＿＿＿＿＿

感謝您的填寫，
您寶貴的建議是我們進步的動力！